高等学校教学用书

线性代数练习

第三版

南京工业大学数学系 编

化学工业出版社
·北京·

线性代数是大学理工科与经济、管理等学科的一门基础课程。现将习题、自测题与期末全真试题部分集为一册出版，以使学习者完成练习更加便利。

本书是配套教材《线性代数》（邵建峰、刘彬编）的学生用练习册，共四部分。第一部分是线性代数前七章的习题与每章自测题；第二部分是线性代数测试试题及详解；第三部分是线性代数部分往年考题及详解；第四部分是部分习题与自测题参考答案。每章既有一定量的习题，又有作者精心挑选的自测题，并附有部分习题和自测题参考答案。书后附有六套测试试题及详解和五套期末考试全真试题及详解，以帮助学生理解教材的基本概念，提高分析问题和解决问题的能力。

本书与线性代数教材和学习指导书配套使用。本书特殊的装订形式方便学生作业使用，也可供考研人员复习时练习使用。

图书在版编目（CIP）数据

线性代数练习/南京工业大学数学系编. —3版. —北京：化学工业出版社，2019.4（2024.7重印）
高等学校教学用书
ISBN 978-7-122-33893-8

Ⅰ.①线… Ⅱ.①南… Ⅲ.①线性代数-高等学校-习题集 Ⅳ.①O151.2-44

中国版本图书馆CIP数据核字（2019）第027973号

责任编辑：唐旭华　郝英华　　装帧设计：刘丽华
责任校对：张雨彤

出版发行：化学工业出版社（北京市东城区青年湖南街13号　邮政编码100011）
印　　刷：三河市航远印刷有限公司
装　　订：三河市宇新装订厂
787mm×1092mm　1/16　印张9　字数217千字　2024年7月北京第3版第10次印刷

购书咨询：010-64518888　售后服务：010-64518899
网　　址：http://www.cip.com.cn
凡购买本书，如有缺损质量问题，本社销售中心负责调换。

定　　价：22.00元

编写人员名单

邵建峰　刘　彬　刘　浩
程　浩　孙大飞　石　玮
吕学斌

目　录

第一章　行列式

第一章习题

1. 计算行列式：

（1）$\begin{vmatrix} \cos\alpha & -\sin\alpha \\ \sin\alpha & \cos\alpha \end{vmatrix}$；

（2）$\begin{vmatrix} 1 & \omega & \omega^2 \\ \omega^2 & 1 & \omega \\ \omega & \omega^2 & 1 \end{vmatrix}$，其中 $\omega=-\frac{1}{2}+\frac{\sqrt{3}}{2}\mathrm{i}$；

（3）$\begin{vmatrix} 0 & 0 & 0 & a_{14} \\ 0 & 0 & a_{23} & a_{24} \\ a_{31} & a_{32} & a_{33} & a_{34} \\ a_{41} & a_{42} & a_{43} & a_{44} \end{vmatrix}$；

（4）$\begin{vmatrix} a & 1 & 0 & 0 \\ -1 & b & 1 & 0 \\ 0 & -1 & c & 1 \\ 0 & 0 & -1 & d \end{vmatrix}$。

2. 计算行列式：

（1）$\begin{vmatrix} a & b & a+b \\ b & a+b & a \\ a+b & a & b \end{vmatrix}$；

（2）$\begin{vmatrix} 1 & -2 & 1 & 0 \\ 0 & 3 & -2 & -1 \\ 4 & -1 & 0 & -3 \\ 1 & 2 & -6 & 3 \end{vmatrix}$；

(3) $\begin{vmatrix} 1 & 2 & 3 & 4 \\ 2 & 3 & 4 & 1 \\ 3 & 4 & 1 & 2 \\ 4 & 1 & 2 & 3 \end{vmatrix}$；

(4) $\begin{vmatrix} 1+x & 1 & 1 & 1 \\ 1 & 1+x & 1 & 1 \\ 1 & 1 & 1+x & 1 \\ 1 & 1 & 1 & 1+x \end{vmatrix}$。

3. 证明：

(1) $\begin{vmatrix} ax+by & ay+bz & az+bx \\ ay+bz & az+bx & ax+by \\ az+bx & ax+by & ay+bz \end{vmatrix}=(a^3+b^3)\begin{vmatrix} x & y & z \\ y & z & x \\ z & x & y \end{vmatrix}$；

(2) $\begin{vmatrix} 1 & 1 & 1 \\ a & b & c \\ a^3 & b^3 & c^3 \end{vmatrix}=(a+b+c)(b-a)(c-a)(c-b)$。

4. 已知

$$\begin{vmatrix} x & y & z \\ 0 & 2 & 3 \\ 1 & 1 & 1 \end{vmatrix}=1$$

求下列各行列式的值：

(1) $\begin{vmatrix} x-1 & y-1 & z-1 \\ 1 & 3 & 4 \\ 1 & 1 & 1 \end{vmatrix}$；　　(2) $\begin{vmatrix} x & y & z \\ 3x & 3y+4 & 3z+6 \\ x+1 & y+1 & z+1 \end{vmatrix}$。

5. 计算 n 阶行列式：

(1) $\begin{vmatrix} x & y & 0 & \cdots & 0 & 0 \\ 0 & x & y & \cdots & 0 & 0 \\ \cdots & \cdots & \cdots & \cdots & \cdots & \cdots \\ 0 & 0 & 0 & \cdots & x & y \\ y & 0 & 0 & \cdots & 0 & x \end{vmatrix}$；　　(2) $\begin{vmatrix} x_1-m & x_2 & \cdots & x_n \\ x_1 & x_2-m & \cdots & x_n \\ \cdots & \cdots & \cdots & \cdots \\ x_1 & x_2 & \cdots & x_n-m \end{vmatrix}$；

(3) $$\begin{vmatrix} 1 & 2 & 3 & \cdots & n-1 & n \\ 1 & -1 & 0 & \cdots & 0 & 0 \\ 0 & 2 & -2 & \cdots & 0 & 0 \\ \cdots & \cdots & \cdots & \cdots & \cdots & \cdots \\ 0 & 0 & 0 & \cdots & n-1 & -(n-1) \end{vmatrix};$$

(4) $$\begin{vmatrix} 1-a_1 & a_2 & 0 & \cdots & 0 & 0 \\ -1 & 1-a_2 & a_3 & \cdots & 0 & 0 \\ 0 & -1 & 1-a_3 & \cdots & 0 & 0 \\ \cdots & \cdots & \cdots & \cdots & \cdots & \cdots \\ 0 & 0 & 0 & \cdots & 1-a_{n-1} & a_n \\ 0 & 0 & 0 & \cdots & -1 & 1-a_n \end{vmatrix}。$$

6. 证明：

(1) $$\begin{vmatrix} x & -1 & 0 & \cdots & 0 & 0 \\ 0 & x & -1 & \cdots & 0 & 0 \\ \cdots & \cdots & \cdots & \cdots & \cdots & \cdots \\ 0 & 0 & 0 & \cdots & x & -1 \\ a_n & a_{n-1} & a_{n-2} & \cdots & a_2 & x+a_1 \end{vmatrix} = x^n + a_1 x^{n-1} + a_2 x^{n-2} + \cdots + a_{n-1} x + a_n;$$

(2) $$\begin{vmatrix} \cos\theta & 1 & 0 & \cdots & 0 & 0 \\ 1 & 2\cos\theta & 1 & \cdots & 0 & 0 \\ 0 & 1 & 2\cos\theta & \cdots & 0 & 0 \\ \cdots & \cdots & \cdots & \cdots & \cdots & \cdots \\ 0 & 0 & 0 & \cdots & 2\cos\theta & 1 \\ 0 & 0 & 0 & \cdots & 1 & 2\cos\theta \end{vmatrix} = \cos(n\theta)。$$

7. 利用 n 阶范德蒙行列式计算：

（1）$\begin{vmatrix} 1 & 1 & 1 & 1 \\ 2 & 3 & 4 & 5 \\ 1 & 4 & 9 & 16 \\ 1 & 8 & 27 & 64 \end{vmatrix}$；　（2）$\begin{vmatrix} a & b & c \\ a^2 & b^2 & c^2 \\ b+c & c+a & a+b \end{vmatrix}$。

8. 用克莱姆法则解下列线性方程组（可以利用 MATLAB 计算行列式的值）：

$$\begin{cases} x_1+x_2+5x_3+7x_4=14 \\ 4x_1+6x_2+7x_3+x_4=0 \\ 5x_1+7x_2+x_3+3x_4=4 \\ 7x_1+x_2+3x_3+5x_4=16 \end{cases}$$

9. 求 k 的值，使下列齐次线性方程组有非零解（能利用 MATLAB 计算符号行列式吗?）：

$$\begin{cases} kx+y+z=0 \\ x+ky-z=0 \\ 2x-y+z=0 \end{cases}$$

10. 求二次插值多项式 $f(x)=a_0+a_1x+a_2x^2$，使得 $f(-1)=7$，$f(1)=-1$，$f(2)=1$。

第一章自测题

1. 填充与选择题

（1）设 $\boldsymbol{A}=(\boldsymbol{A}_1\quad \boldsymbol{A}_2\quad \boldsymbol{A}_3)$是按列分块表示的 3 阶方阵，且$|\boldsymbol{A}|=-2$，则下列行列式 $|\boldsymbol{A}_3-2\boldsymbol{A}_1\quad 3\boldsymbol{A}_2\quad \boldsymbol{A}_1|=$__________。

（2）设 4 阶行列式$|\boldsymbol{A}|=|\alpha\quad \gamma_2\quad \gamma_3\quad \gamma_4|=3$ 和$|\boldsymbol{B}|=|\beta\quad \gamma_2\quad \gamma_3\quad \gamma_4|=1$，则行列式$|\boldsymbol{A}+\boldsymbol{B}|=$__________。

（3）行列式$\begin{vmatrix} a & 0 & 0 & b \\ 0 & a & b & 0 \\ 0 & b & a & 0 \\ b & 0 & 0 & a \end{vmatrix}$的值为（　　）。

（A）0　　（B）a^4-b^4　　（C）$(a^2+b^2)(a^2-b^2)$　　（D）$(a^2-b^2)^2$

（4）设 $\boldsymbol{A}=(\boldsymbol{A}_1\quad \boldsymbol{A}_2\quad \boldsymbol{A}_3)$是 3 阶方阵，其中 $\boldsymbol{A}_i(i=1,2,3)$是它的列，则$|\boldsymbol{A}|=$（　　）。

（A）$|\boldsymbol{A}_3\quad \boldsymbol{A}_2\quad \boldsymbol{A}_1|$　　（B）$|-\boldsymbol{A}_1\quad -\boldsymbol{A}_2\quad -\boldsymbol{A}_3|$

（C）$|\boldsymbol{A}_1\quad \boldsymbol{A}_1+\boldsymbol{A}_2\quad \boldsymbol{A}_1+\boldsymbol{A}_2+\boldsymbol{A}_3|$　　（D）$|\boldsymbol{A}_1+\boldsymbol{A}_2\quad \boldsymbol{A}_2+\boldsymbol{A}_3\quad \boldsymbol{A}_3+\boldsymbol{A}_1|$

2. 计算行列式：

（1）$\begin{vmatrix} 1 & 2 & 3 & 4 \\ -1 & -3 & 2 & 1 \\ 2 & 0 & -1 & 2 \\ 4 & 3 & 1 & 2 \end{vmatrix}$；　　（2）$D_n=\begin{vmatrix} x & a & \cdots & a \\ a & x & \cdots & a \\ \multicolumn{4}{c}{\cdots\cdots\cdots\cdots} \\ a & a & \cdots & x \end{vmatrix}$；

(3) $D_n=\begin{vmatrix} 2 & 1 & & & & \\ 1 & 2 & 1 & & & \\ & 1 & 2 & 1 & & \\ & & \ddots & \ddots & \ddots & \\ & & & 1 & 2 & 1 \\ & & & & 1 & 2 \end{vmatrix}$。

3. 求三次多项式 $f(x)=a_0+a_1x+a_2x^2+a_3x^3$，使得 $f(-1)=0$，$f(1)=4$，$f(2)=3$，$f(3)=16$。

第二章　矩阵

第二章习题

1. 已知

$$A=\begin{pmatrix}0&-2&1\\1&1&3\\3&0&4\end{pmatrix},\ B=\begin{pmatrix}1&4&-1\\0&2&3\\-1&3&0\end{pmatrix}$$

求 $A'B$ 和 $AB-2BA$。

2. 求下列矩阵的乘积：

（1）$\begin{pmatrix}1&0&2\\3&-1&1\end{pmatrix}\begin{pmatrix}4&2\\1&3\\-1&4\end{pmatrix}$；

（2）$\begin{pmatrix}2&-1&2\\-1&3&5\\2&5&4\end{pmatrix}\begin{pmatrix}1\\-1\\1\end{pmatrix}$；

（3）$\begin{pmatrix}1\\2\\3\\4\end{pmatrix}(-1\quad 1\quad 0\quad 2)$；

（4）$(3\quad 2\quad 1)\begin{pmatrix}1\\4\\7\end{pmatrix}$；

（5）$(x_1 \quad x_2 \quad x_3)\begin{pmatrix} a_{11} & a_{12} & a_{13} \\ a_{21} & a_{22} & a_{23} \\ a_{31} & a_{32} & a_{33} \end{pmatrix}\begin{pmatrix} x_1 \\ x_2 \\ x_3 \end{pmatrix}$。

3. 计算：

（1）$\begin{pmatrix} \cos\theta & -\sin\theta \\ \sin\theta & \cos\theta \end{pmatrix}^2$；

（2）$\begin{pmatrix} 1 & 1 \\ 0 & 1 \end{pmatrix}^3$；

（3）$\begin{pmatrix} a & 1 & 0 & 0 \\ 0 & a & 1 & 0 \\ 0 & 0 & a & 1 \\ 0 & 0 & 0 & a \end{pmatrix}^3$。

4. 求所有与矩阵 $\mathbf{A}=\begin{pmatrix}1 & 1\\ 0 & 1\end{pmatrix}$ 可交换的矩阵。

5. 设

$$\mathbf{A}=\begin{pmatrix}a & & \\ & b & \\ & & c\end{pmatrix}\quad (a,b,c\ 互不相同)$$

证明：与 $\mathbf{A}$ 可交换的矩阵必为对角矩阵。

6. 设 $\boldsymbol{A}$ 与 $\boldsymbol{B}$ 是 n 阶矩阵，并且满足 $\boldsymbol{AB}=\boldsymbol{BA}$，证明：

（1）$(\boldsymbol{A}+\boldsymbol{B})^2=\boldsymbol{A}^2+2\boldsymbol{AB}+\boldsymbol{B}^2$；　（2）$\boldsymbol{A}^2-\boldsymbol{B}^2=(\boldsymbol{A}-\boldsymbol{B})(\boldsymbol{A}+\boldsymbol{B})$。

7. 已知线性变换

$$\begin{cases} y_1=x_1+2x_2-x_3 \\ y_2=2x_1-x_2+x_3, \\ y_3=x_1+x_2+2x_3 \end{cases} \qquad \begin{cases} z_1=y_1-3y_2+y_3 \\ z_2=y_1+y_2-y_3 \end{cases}$$

利用矩阵乘法，求从 x_1,x_2,x_3 到 z_1,z_2 的线性变换。

8. 计算$\begin{vmatrix} b & c & 0 \\ a & 0 & c \\ 0 & a & b \end{vmatrix}^2$，并由此证明$\begin{vmatrix} b^2+c^2 & ab & ac \\ ab & c^2+a^2 & bc \\ ca & bc & a^2+b^2 \end{vmatrix}=4a^2b^2c^2$。

9. 设$\boldsymbol{A}$是反对称矩阵，$\boldsymbol{B}$是对称矩阵，证明：

（1）$\boldsymbol{A}^2$是对称矩阵；

（2）$\boldsymbol{AB}-\boldsymbol{BA}$是对称矩阵；

（3）$\boldsymbol{AB}$是反对称矩阵的充要条件是$\boldsymbol{AB}=\boldsymbol{BA}$。

10. （用伴随矩阵方法）求下列各矩阵的逆矩阵：

（1）$\begin{pmatrix} 1 & 2 & -1 \\ 2 & -1 & -2 \\ 2 & -2 & 1 \end{pmatrix}$；　（2）$\begin{pmatrix} 1 & 0 & 0 & 0 \\ 1 & 1 & 1 & 0 \\ 0 & 0 & 1 & 0 \\ 0 & 0 & 1 & 1 \end{pmatrix}$。

11. 证明：

（1）若 $\boldsymbol{A}^2=\boldsymbol{0}$，则 $(\boldsymbol{E}-\boldsymbol{A})^{-1}=\boldsymbol{E}+\boldsymbol{A}$；

（2）若 $\boldsymbol{A}^2-\boldsymbol{A}+\boldsymbol{E}=\boldsymbol{0}$，则 $\boldsymbol{A}^{-1}=\boldsymbol{E}-\boldsymbol{A}$。

12. 设 $\boldsymbol{A}=\begin{pmatrix} 3 & 0 & 0 & 0 \\ -2 & 5 & 0 & 0 \\ 0 & -4 & 7 & 0 \\ 0 & 0 & -6 & 9 \end{pmatrix}$，且有关系式 $\boldsymbol{A}^2+2\boldsymbol{A}\boldsymbol{X}=\boldsymbol{E}-2\boldsymbol{X}$，求矩阵 $\boldsymbol{X}$。

13. 已知 $\boldsymbol{AP}=\boldsymbol{PB}$，其中

$$\boldsymbol{B}=\begin{pmatrix}1 & 0 & 1\\ 0 & -1 & 0\\ 0 & 0 & 0\end{pmatrix},\ \boldsymbol{P}=\begin{pmatrix}1 & 0 & 0\\ 2 & -1 & 0\\ 2 & 1 & 1\end{pmatrix}$$

求 $\boldsymbol{A}$ 及 $\boldsymbol{A}^6$。

14. 设 $\boldsymbol{A}$ 为三阶矩阵，$\boldsymbol{A}^*$ 是 $\boldsymbol{A}$ 的伴随矩阵，$|\boldsymbol{A}|=\frac{1}{2}$，求 $|(3\boldsymbol{A})^{-1}-2\boldsymbol{A}^*|$ 的值。

15. 用初等变换法求下列矩阵的逆矩阵：

(1) $\begin{pmatrix} 1 & -1 & 0 \\ 2 & 0 & 1 \\ 1 & 1 & -1 \end{pmatrix}$；

(2) $\begin{pmatrix} -1 & 1 & 1 & 1 \\ -1 & -1 & 1 & 1 \\ -1 & -1 & -1 & 1 \\ -1 & -1 & -1 & -1 \end{pmatrix}$；

(3) $\begin{pmatrix} 1 & a & a^2 & a^3 \\ 0 & 1 & a & a^2 \\ 0 & 0 & 1 & a \\ 0 & 0 & 0 & 1 \end{pmatrix}$ （解题过程续下页）。

16. 已知矩阵 $\mathbf{A}=\begin{pmatrix} a_{11} & a_{12} & a_{13} \\ a_{21} & a_{22} & a_{23} \\ a_{31} & a_{32} & a_{33} \end{pmatrix}$，问：将 **A** 乘上什么矩阵，才能得到：

（1）$\begin{pmatrix} a_{12} \\ a_{22} \\ a_{32} \end{pmatrix}$；　　（2）$(a_{11} \quad a_{12} \quad a_{13})$；

（3）$\begin{pmatrix} a_{11} & a_{12} & a_{13} \\ a_{21} & a_{22} & a_{23} \end{pmatrix}$；　　（4）$(a_{11}+a_{12}+a_{13}+a_{21}+a_{22}+a_{23}+a_{31}+a_{32}+a_{33})$。

17. 已知 3 阶矩阵 $\boldsymbol{A}$ 的逆矩阵 $\boldsymbol{A}^{-1}=\begin{pmatrix}1 & 1 & 1\\ 1 & 2 & 1\\ 1 & 1 & 3\end{pmatrix}$，试求其伴随矩阵 $\boldsymbol{A}^*$ 的逆矩阵。

18. 试用初等行变换的方法求解方程组：

（1）$\begin{cases}x_1+3x_2+3x_3=5\\ 2x_1-x_2+4x_3=1\\ x_1-x_2+x_3=3\end{cases}$；

（2）$\begin{cases}2x_1+3x_2-x_3+5x_4=0\\3x_1-x_2+2x_3-7x_4=0\\4x_1+x_2-3x_3+6x_4=0\\x_1-2x_2+4x_3-7x_4=0\end{cases}$。

19. 用初等变换法求解下列矩阵方程：

（1）$\begin{pmatrix}5&1&-5\\3&-3&2\\1&-2&1\end{pmatrix}\boldsymbol{X}=\begin{pmatrix}-8&-5\\3&9\\0&0\end{pmatrix}$；　　（2）$\boldsymbol{X}\begin{pmatrix}5&0&0\\0&3&4\\0&4&3\end{pmatrix}=\begin{pmatrix}10&1&-2\\-5&3&7\end{pmatrix}$。

第二章自测题

1. 填充与选择题

（1）设 $\boldsymbol{A}=\begin{pmatrix}0&0&0&1\\0&0&2&0\\0&3&0&0\\4&0&0&0\end{pmatrix}$，则 $\boldsymbol{A}^{-1}=$__________。

（2）设矩阵 $\boldsymbol{A}=\begin{pmatrix}2&1&0\\1&2&0\\0&0&1\end{pmatrix}$，矩阵 $\boldsymbol{B}$ 满足 $\boldsymbol{ABA}^*=2\boldsymbol{BA}^*+\boldsymbol{E}$，其中 $\boldsymbol{A}^*$ 为 $\boldsymbol{A}$ 的伴随矩阵，$\boldsymbol{E}$ 是单位矩阵，则 $|\boldsymbol{B}|=$__________。

（3）设矩阵 $\boldsymbol{A}$ 是任一 $n(n\geqslant 3)$ 阶方阵，$\boldsymbol{A}^*$ 为 $\boldsymbol{A}$ 的伴随矩阵，又 k 是一常数，且 $k\neq 0,\pm 1$，则 $(k\boldsymbol{A})^*$ 等于（　　）。

（A）$k\boldsymbol{A}^*$　　（B）$k^{n-1}\boldsymbol{A}^*$　　（C）$k^n\boldsymbol{A}^*$　　（D）$k^{-1}\boldsymbol{A}^*$

*（4）设 $\boldsymbol{A}$ 是 3 阶矩阵，将 $\boldsymbol{A}$ 的第 2 行加到第 1 行得矩阵 $\boldsymbol{B}$，再将 $\boldsymbol{B}$ 的第 1 列的 -1 倍加到第 2 列得矩阵 $\boldsymbol{C}$，记 $\boldsymbol{P}=\begin{pmatrix}1&1&0\\0&1&0\\0&0&1\end{pmatrix}$，则（　　）。

（A）$\boldsymbol{C}=\boldsymbol{P}^{-1}\boldsymbol{AP}$　　（B）$\boldsymbol{C}=\boldsymbol{PAP}^{-1}$　　（C）$\boldsymbol{C}=\boldsymbol{P}'\boldsymbol{AP}$　　（D）$\boldsymbol{C}=\boldsymbol{PAP}'$

2. 设 $\boldsymbol{A}=\begin{pmatrix}1&1&1&1\\2&2&2&2\\-1&-1&-1&-1\\3&3&3&3\end{pmatrix}$，求 $\boldsymbol{A}^n$。

3. 已知 $\boldsymbol{A}=\begin{pmatrix}1 & 1 & -1\\ 0 & 1 & 1\\ 0 & 0 & -1\end{pmatrix}$，且 $\boldsymbol{A}^2-\boldsymbol{AB}=\boldsymbol{E}$，$\boldsymbol{E}$ 是 3 阶单位矩阵，求矩阵 $\boldsymbol{B}$。

4. 已知 $\boldsymbol{A}^2+\boldsymbol{A}+\boldsymbol{E}=\boldsymbol{0}$，试证：$\boldsymbol{A}-\boldsymbol{E}$，$\boldsymbol{A}+2\boldsymbol{E}$ 均可逆，并求其逆矩阵。

第三章　向量组的线性相关性与矩阵的秩

第三章习题

1. 设 $\boldsymbol{\alpha}=(2,3,0)$，$\boldsymbol{\beta}=(0,-3,1)$，$\boldsymbol{\gamma}=(2,-4,1)$，求 $2\boldsymbol{\alpha}-3\boldsymbol{\beta}+\boldsymbol{\gamma}$。

2. 解向量方程 $3(\boldsymbol{\alpha}_1-\boldsymbol{X})+2(\boldsymbol{\alpha}_2+\boldsymbol{X})=5(\boldsymbol{\alpha}_3+\boldsymbol{X})$，其中 $\boldsymbol{\alpha}_1=(2,5,1,3)$，$\boldsymbol{\alpha}_2=(10,1,5,10)$，$\boldsymbol{\alpha}_3=(4,1,-1,1)$。

3. 判别下列向量组的线性相关性：

(1) $\boldsymbol{\alpha}_1=(1,1,1)$，$\boldsymbol{\alpha}_2=(0,2,5)$，$\boldsymbol{\alpha}_3=(1,3,6)$；

(2) $\boldsymbol{\alpha}_1=(1,1,1,1)$，$\boldsymbol{\alpha}_2=(1,1,-1,-1)$，$\boldsymbol{\alpha}_3=(1,-1,1,-1)$，$\boldsymbol{\alpha}_4=(1,-1,-1,1)$。

4. 试证：任意一个 4 维向量 $\boldsymbol{\beta}=(b_1,b_2,b_3,b_4)$都可由向量组 $\boldsymbol{\alpha}_1=(1,0,0,0)$，$\boldsymbol{\alpha}_2=(1,1,0,0)$，$\boldsymbol{\alpha}_3=(1,1,1,0)$，$\boldsymbol{\alpha}_4=(1,1,1,1)$线性表示，并且表示方式是唯一的，写出这种表示方式。

5. 证明：若 $\boldsymbol{\alpha}_1,\boldsymbol{\alpha}_2,\boldsymbol{\alpha}_3$ 线性无关，$\boldsymbol{\beta}=\lambda_1\boldsymbol{\alpha}_1+\lambda_2\boldsymbol{\alpha}_2+\lambda\boldsymbol{\alpha}_3$，那么：

（1）当 $\lambda=0$ 时，$\boldsymbol{\alpha}_1,\boldsymbol{\alpha}_2,\boldsymbol{\beta}$ 线性相关；　（2）当 $\lambda\neq0$ 时，$\boldsymbol{\alpha}_1,\boldsymbol{\alpha}_2,\boldsymbol{\beta}$ 线性无关。

6. 若 $\boldsymbol{\alpha}_1,\boldsymbol{\alpha}_2,\cdots,\boldsymbol{\alpha}_r$ 线性无关，证明：$\boldsymbol{\beta},\boldsymbol{\alpha}_1,\boldsymbol{\alpha}_2,\cdots,\boldsymbol{\alpha}_r$ 线性无关的充要条件是 $\boldsymbol{\beta}$ 不能由 $\boldsymbol{\alpha}_1,\boldsymbol{\alpha}_2,\cdots,\boldsymbol{\alpha}_r$ 线性表示。（提示：利用逆否命题证明）

7. 证明：若 $\boldsymbol{\alpha}_1,\boldsymbol{\alpha}_2$ 线性无关，则 $\boldsymbol{\alpha}_1+\boldsymbol{\alpha}_2,\boldsymbol{\alpha}_1-\boldsymbol{\alpha}_2$ 也线性无关(提示:可用两种解法)。

8. 设 $\boldsymbol{\alpha}_1,\boldsymbol{\alpha}_2,\boldsymbol{\alpha}_3$ 线性无关，证明 $\boldsymbol{\alpha}_1+\boldsymbol{\alpha}_2,\boldsymbol{\alpha}_2+\boldsymbol{\alpha}_3,\boldsymbol{\alpha}_3+\boldsymbol{\alpha}_1$ 也线性无关。

9. 求下列向量组的秩及其一个极大线性无关组，并将其余向量用这个极大线性无关组线性表示：

(1) $\boldsymbol{\alpha}_1=(1,1,1)$，$\boldsymbol{\alpha}_2=(1,1,0)$，$\boldsymbol{\alpha}_3=(1,0,0)$，$\boldsymbol{\alpha}_4=(1,2,-3)$；

(2) $\boldsymbol{\alpha}_1=(1,2,1,3)$，$\boldsymbol{\alpha}_2=(4,-1,-5,-6)$，$\boldsymbol{\alpha}_3=(1,-3,-4,-7)$，$\boldsymbol{\alpha}_4=(2,1,-1,0)$。

10. 求下列矩阵的秩：

（1）$\begin{pmatrix} 1 & -1 & 2 & 1 & 0 \\ 2 & -2 & 4 & -1 & 0 \\ 3 & 0 & 6 & -1 & 1 \\ 0 & 3 & 0 & 0 & 1 \end{pmatrix}$；

（2）$\begin{pmatrix} 3 & 2 & -1 & -3 & -2 \\ 2 & -1 & 3 & 1 & -3 \\ 4 & 5 & -5 & -6 & 1 \end{pmatrix}$。

11. 设 $\mathbf{V}_1=\{\boldsymbol{X}\mid\boldsymbol{X}=(x_1,x_2,\cdots,x_n),\ x_1+x_2+\cdots+x_n=0,\ x_1,x_2,\cdots,x_n\in\mathbf{R}\}$，
$\mathbf{V}_2=\{\boldsymbol{X}\mid\boldsymbol{X}=(x_1,x_2,\cdots,x_n),\ x_1+x_2+\cdots+x_n=1,\ x_1,x_2,\cdots,x_n\in\mathbf{R}\}$，
问 $\mathbf{V}_1,\mathbf{V}_2$ 是不是 $\boldsymbol{R}^n$ 的子空间，为什么？

12. 设 $\boldsymbol{\alpha}_1=(2,-1,3)$，$\boldsymbol{\alpha}_2=(1,0,-1)$，$\boldsymbol{\alpha}_3=(0,-1,5)$。它们的一切线性组合记为

$$\mathbf{V}=\{x_1\boldsymbol{\alpha}_1+x_2\boldsymbol{\alpha}_2+x_3\boldsymbol{\alpha}_3\mid x_1,x_2,x_3\in\mathbf{R}\}$$

证明：$\boldsymbol{V}$ 是 $\boldsymbol{R}^3$ 的一个子空间，并求出 $\mathbf{V}$ 的一个基。

13. 证明：$\boldsymbol{\alpha}_1=(2,1,0)$，$\boldsymbol{\alpha}_2=(0,1,2)$，$\boldsymbol{\alpha}_3=(-2,1,2)$是$\boldsymbol{R}^3$的一个基。并求出向量$\boldsymbol{\alpha}=(-4,2,6)$在基$\boldsymbol{\alpha}_1,\boldsymbol{\alpha}_2,\boldsymbol{\alpha}_3$下的坐标。

14. k 在实数范围内取何值时，下列向量组正交：

（1）$\boldsymbol{\alpha}=\left(\frac{1}{k},1,-1,-2\right)$，$\boldsymbol{\beta}=(5,k,4,1)$；（2）$\boldsymbol{\alpha}=\left(2,\frac{1}{k},-1,0\right)$，$\boldsymbol{\beta}=(0,1,k,-1)$。

15. 把下列向量组单位正交化：$\boldsymbol{\alpha}_1=(3,0,4)$，$\boldsymbol{\alpha}_2=(-1,0,7)$，$\boldsymbol{\alpha}_3=(2,9,11)$。

16. 设 $\boldsymbol{\alpha}_1=(1,1,1)$，$\boldsymbol{\alpha}_2=(1,-2,1)$，求一个单位向量 $\boldsymbol{X}$，使 $\boldsymbol{X}$ 与 $\boldsymbol{\alpha}_1,\boldsymbol{\alpha}_2$ 都正交。

17. 设 $\boldsymbol{A},\boldsymbol{B}$ 都是 n 阶正交矩阵，证明：

（1）$\boldsymbol{AB},\boldsymbol{A}'\boldsymbol{B}$ 也是正交矩阵；　　（2）$\boldsymbol{A}$ 的伴随矩阵 $\boldsymbol{A}^*$ 也是正交矩阵。

18. 判别下列矩阵是否为正交矩阵：

（1）$\begin{pmatrix} \frac{1}{\sqrt{3}} & \frac{1}{\sqrt{3}} & \frac{1}{\sqrt{3}} \\ 0 & -\frac{1}{\sqrt{2}} & \frac{1}{\sqrt{2}} \\ -\frac{2}{\sqrt{6}} & \frac{1}{\sqrt{6}} & \frac{1}{\sqrt{6}} \end{pmatrix}$；　　（2）$\begin{pmatrix} 1 & -\frac{1}{2} & \frac{1}{3} \\ -\frac{1}{2} & 1 & \frac{1}{2} \\ \frac{2}{3} & \frac{1}{2} & -1 \end{pmatrix}$。

第三章自测题

1. 填充与选择题

（1）设 $\boldsymbol{\alpha}_1=(1,1,1)$，$\boldsymbol{\alpha}_2=(1,2,3)$，$\boldsymbol{\alpha}_3=(1,3,t)$，当 $t=$__________时，$\boldsymbol{\alpha}_1,\boldsymbol{\alpha}_2,\boldsymbol{\alpha}_3$线性相关。

（2）设 $\boldsymbol{\alpha}_1,\boldsymbol{\alpha}_2,\boldsymbol{\alpha}_3$ 线性无关，若使 $\boldsymbol{\alpha}_1+\boldsymbol{\alpha}_2,\boldsymbol{\alpha}_2+\boldsymbol{\alpha}_3,k\boldsymbol{\alpha}_3+\boldsymbol{\alpha}_1$也线性无关。则 k 应该满足的条件为__________。

（3）设向量 $\boldsymbol{\alpha}_1=(1+a,1,1)$，$\boldsymbol{\alpha}_2=(1,1+a,1)$，$\boldsymbol{\alpha}_3=(1,1,1+a)$，若 $\boldsymbol{\beta}=(0,a,a^2)$可由 $\boldsymbol{\alpha}_1,\boldsymbol{\alpha}_2,\boldsymbol{\alpha}_3$线性表示且表示法不唯一，则 $a=$__________。

（4）设 $\boldsymbol{A}$ 是三阶矩阵，如果对任意一个三维列向量 $\boldsymbol{\beta}=(b_1,b_2,b_3)^{\mathrm{T}}$，都有 $\boldsymbol{A\beta}=\boldsymbol{0}$，则（　　）。

（A）$\boldsymbol{A}=\boldsymbol{E}$　　（B）$\boldsymbol{A}=\boldsymbol{0}$　　（C）$\boldsymbol{A}=\boldsymbol{A}'$　　（D）$\boldsymbol{A}^2=\boldsymbol{0}$

（5）若向量组 $\boldsymbol{\varepsilon}_1=(1,1,0)$，$\boldsymbol{\varepsilon}_2=(0,1,1)$，$\boldsymbol{\varepsilon}_3=(0,0,1)$能由向量组 $\boldsymbol{\alpha}_1=(a_1,a_2,a_3)$，$\boldsymbol{\alpha}_2=(b_1,b_2,b_3)$，$\boldsymbol{\alpha}_3=(c_1,c_2,c_3)$线性表示，则向量组 $\boldsymbol{\alpha}_1,\boldsymbol{\alpha}_2,\boldsymbol{\alpha}_3$的秩为（　　）。

（A）1　　（B）2　　（C）3　　（D）不能确定

2. 求 $\boldsymbol{\alpha}_1=(3,2,1,3)$，$\boldsymbol{\alpha}_2=(1,-3,-1,-4)$，$\boldsymbol{\alpha}_3=(7,1,1,2)$，$\boldsymbol{\alpha}_4=(-1,1,-3,-2)$，$\boldsymbol{\alpha}_5=(0,7,-4,3)$的秩和极大线性无关组，并把极大线性无关组以外的向量用极大无关组来表示。

3. 已知向量组 $\boldsymbol{\alpha}_1=(1,2,3)^{\mathrm{T}}$，$\boldsymbol{\alpha}_2=(1,0,1)^{\mathrm{T}}$ 及向量组 $\boldsymbol{\beta}_1=(1,2,t)^{\mathrm{T}}$，$\boldsymbol{\beta}_2=(4,1,5)^{\mathrm{T}}$。问 t 取何值时两个向量组等价？并写出等价时的线性表示。

*** 4.** 设向量组 $\boldsymbol{\alpha}_1,\boldsymbol{\alpha}_2,\boldsymbol{\alpha}_3,\boldsymbol{\alpha}_4$ 线性无关，又 $\boldsymbol{\beta}_1=2\boldsymbol{\alpha}_1+\boldsymbol{\alpha}_3+\boldsymbol{\alpha}_4$，$\boldsymbol{\beta}_2=2\boldsymbol{\alpha}_1+\boldsymbol{\alpha}_2+\boldsymbol{\alpha}_3$，$\boldsymbol{\beta}_3=\boldsymbol{\alpha}_2-\boldsymbol{\alpha}_4$，$\boldsymbol{\beta}_4=\boldsymbol{\alpha}_3+\boldsymbol{\alpha}_4$。试求向量组 $\boldsymbol{\beta}_1,\boldsymbol{\beta}_2,\boldsymbol{\beta}_3,\boldsymbol{\beta}_4$ 的秩。

第四章　线性方程组

第四章习题

1. 求下列齐次线性方程组的一个基础解系及通解：

(1) $\begin{cases} x_1+x_2+2x_3-x_4=0 \\ 2x_1+x_2+x_3-x_4=0 \\ 2x_1+2x_2+x_3+2x_4=0 \end{cases}$；

(2) $\begin{cases} x_1-x_2+5x_3-x_4=0 \\ x_1+x_2-2x_3+3x_4=0 \\ 3x_1-x_2+8x_3+x_4=0 \\ x_1+3x_2-9x_3+7x_4=0 \end{cases}$；

（3）$\begin{cases} x_1-x_2+x_3-x_4=0 \\ 2x_1-x_2+x_4=0 \\ 3x_1+x_2+2x_3-x_4=0 \\ 4x_1+x_2-3x_3+2x_4=0 \end{cases}$。

2. 假如 $\boldsymbol{\alpha}_1,\boldsymbol{\alpha}_2,\boldsymbol{\alpha}_3$ 是某齐次线性方程组的一个基础解系。问 $\boldsymbol{\alpha}_1+\boldsymbol{\alpha}_2,\boldsymbol{\alpha}_2+\boldsymbol{\alpha}_3,\boldsymbol{\alpha}_3+\boldsymbol{\alpha}_1$ 是不是它的基础解系。

3. 设 $\boldsymbol{A}$ 是 $m\times n$ 矩阵，$\boldsymbol{B}$ 是 $n\times m$ 矩阵，$n<m$，证明：齐次线性方程组 $(\boldsymbol{AB})\boldsymbol{X}=\boldsymbol{0}$ 有非零解。

4. 求下列线性方程组的通解：

(1) $\begin{cases} 2x_1+7x_2+3x_3+x_4=6 \\ 3x_1+5x_2+2x_3+2x_4=4; \\ 9x_1+4x_2+x_3+7x_4=2 \end{cases}$

(2) $\begin{cases} 4x_1+2x_2-x_3=2 \\ 3x_1-x_2+2x_3=10。 \\ 11x_1+3x_2=8 \end{cases}$

5. λ 取何值时，下列线性方程组无解、有唯一解或有无穷多组解？在有无穷多组解时，求出其全部解。

$$\begin{cases} \lambda x_1 + x_2 + x_3 = 1 \\ x_1 + \lambda x_2 + x_3 = \lambda \\ x_1 + x_2 + \lambda x_3 = \lambda^2 \end{cases}$$

6. 当 a，b 取何值时，下列线性方程组无解、有唯一解或有无穷多组解？在有解时，求出其解。

$$\begin{cases} a x_1 + x_2 + x_3 = 4 \\ x_1 + b x_2 + x_3 = 3 \\ x_1 + 2b x_2 + x_3 = 4 \end{cases}$$

7. 已知$\boldsymbol{\alpha}_1=(1,0,2,3)$，$\boldsymbol{\alpha}_2=(1,1,3,5)$，$\boldsymbol{\alpha}_3=(1,-1,a+2,1)$，$\boldsymbol{\alpha}_4=(1,2,4,a+8)$及$\boldsymbol{\beta}=(1,1,b+3,5)$。试问：

（1）a,b 为何值时，$\boldsymbol{\beta}$ 不能表示成$\boldsymbol{\alpha}_1,\boldsymbol{\alpha}_2,\boldsymbol{\alpha}_3,\boldsymbol{\alpha}_4$ 的线性组合；

（2）a,b 为何值时，$\boldsymbol{\beta}$ 可以由$\boldsymbol{\alpha}_1,\boldsymbol{\alpha}_2,\boldsymbol{\alpha}_3,\boldsymbol{\alpha}_4$ 唯一线性表示。

第四章自测题

1. 填充与选择题

（1）$\boldsymbol{A}$ 是 n 阶矩阵，对任何向量 $\boldsymbol{b}_{n\times 1}$，方程 $\boldsymbol{AX}=\boldsymbol{b}$ 均有解的充要条件是__________。

（2）设 $x_1-x_2=a$，$x_2-x_3=2a$，$x_3-x_4=3a$，$x_4-x_1=1$，该方程组有解的充分必要条件为 $a=$__________。

（3）设 $\boldsymbol{\alpha}_1,\boldsymbol{\alpha}_2,\boldsymbol{\alpha}_3$ 是四元非齐次线性方程组 $\boldsymbol{AX}=\boldsymbol{b}$ 的三个解向量，且 $R(\boldsymbol{A})=3$，$\boldsymbol{\alpha}_1=(1,2,3,4)^{\mathrm{T}}$，$\boldsymbol{\alpha}_2+\boldsymbol{\alpha}_3=(0,1,2,3)^{\mathrm{T}}$，$C$ 为任意常数，则线性方程组 $\boldsymbol{AX}=\boldsymbol{b}$ 的通解是（　　）。

（A）$(1,2,3,4)^{\mathrm{T}}+C(1,1,1,1)^{\mathrm{T}}$　　（B）$(1,2,3,4)^{\mathrm{T}}+C(0,1,2,3)^{\mathrm{T}}$

（C）$(1,2,3,4)^{\mathrm{T}}+C(2,3,4,5)^{\mathrm{T}}$　　（D）$(1,2,3,4)^{\mathrm{T}}+C(3,4,5,6)^{\mathrm{T}}$

（4）设 $\boldsymbol{A}$ 是 $m\times n$ 矩阵，$\boldsymbol{AX}=\boldsymbol{0}$ 是 $\boldsymbol{AX}=\boldsymbol{b}$ 对应的齐次线性方程组，试判断下列命题的正确性（　　）。

（A）若 $\boldsymbol{AX}=\boldsymbol{0}$ 仅有零解，则 $\boldsymbol{AX}=\boldsymbol{b}$ 有唯一解

（B）若 $\boldsymbol{AX}=\boldsymbol{0}$ 有非零解，则 $\boldsymbol{AX}=\boldsymbol{b}$ 有无穷多解

（C）若 $\boldsymbol{AX}=\boldsymbol{b}$ 有无穷多解，则 $\boldsymbol{AX}=\boldsymbol{0}$ 仅有零解

（D）若 $\boldsymbol{AX}=\boldsymbol{b}$ 有无穷多解，则 $\boldsymbol{AX}=\boldsymbol{0}$ 有非零解

2. 试求下列线性方程组有解的充要条件，并求解 $\begin{cases}x_1-x_2=a_1\\x_2-x_3=a_2\\x_3-x_4=a_3\\x_4-x_5=a_4\\x_5-x_1=a_5\end{cases}$。

3. 设线性方程组为

$$\begin{cases} 3ax_1+(2a+1)x_2+(a+1)x_3=a \\ (2a-1)x_1+(2a-1)x_2+(a-2)x_3=a+1 \\ (4a-1)x_1+3ax_2+2ax_3=1 \end{cases}$$

问 a 取何值时，此方程组有解？有无穷多解？无解？有无穷多解时，试求其全部解。

4. 设 $\boldsymbol{A}$ 是任意 $m\times n$ 阶矩阵，证明：$R(\boldsymbol{A})=R(\boldsymbol{A}^{\mathrm{T}}\boldsymbol{A})$。

第五章　特征值与特征向量·矩阵的对角化

第五章习题

1. 求下列矩阵的特征值与特征向量：

（1）$\begin{pmatrix} 0 & 0 & 1 \\ 0 & 1 & 0 \\ 1 & 0 & 0 \end{pmatrix}$；

（2）$\begin{pmatrix} 3 & -1 & 1 \\ 2 & 0 & 1 \\ 1 & -1 & 2 \end{pmatrix}$。

2. 设 3 阶方阵 $\boldsymbol{A}$，使 $\boldsymbol{E}-\boldsymbol{A}$，$3\boldsymbol{E}-\boldsymbol{A}$，$\boldsymbol{E}+\boldsymbol{A}$ 均不可逆，求 $\boldsymbol{A}$ 的所有特征值。

3. 设 $\boldsymbol{A}^2=\boldsymbol{A}$，试证 $\boldsymbol{A}$ 的特征值只能是 0 或 1，并就 $n=2$，举例说明 0 和 1 未必都是 $\boldsymbol{A}$ 的特征值。

4. 设 n 阶方阵 $\boldsymbol{A}$ 可逆，λ 是 $\boldsymbol{A}$ 的特征值，试证：

（1）$\lambda\neq0$；　（2）λ^{-1} 为 $\boldsymbol{A}^{-1}$ 的特征值。

5. 设 λ 是矩阵 $\boldsymbol{A}$ 的特征值，而 $f(x)=a_0x^m+a_1x^{m-1}+\cdots+a_{m-1}x+a_m$ 是任意多项式，试证明：（1）$f(\lambda)$ 是 $f(\boldsymbol{A})$ 的特征值；（2）若 $f(\boldsymbol{A})=0$，则 $\boldsymbol{A}$ 的任一特征值满足$f(\lambda)=0$。

6. 已知 3 阶矩阵 $\boldsymbol{A}$ 的特征值为：$1,-1,2$。设 $\boldsymbol{B}=\boldsymbol{A}^3-5\boldsymbol{A}^2$，试求 $|\boldsymbol{B}|$ 及 $|\boldsymbol{A}-5\boldsymbol{E}|$。

7. 若矩阵 $\boldsymbol{A}$ 可逆，证明：$\boldsymbol{AB} \sim \boldsymbol{BA}$。

8. 已知矩阵 $\boldsymbol{A}=\begin{pmatrix}2 & -1 & 4\\ 0 & x & 7\\ 0 & 0 & 3\end{pmatrix}$ 与 $\boldsymbol{\Lambda}=\begin{pmatrix}1 & & \\ & 2 & \\ & & y\end{pmatrix}$ 相似，求 x, y。

9. 本章前面的第 1 题中的矩阵能否对角化？若能，求矩阵 $\boldsymbol{P}$ 和对角阵 $\boldsymbol{\Lambda}$，使 $\boldsymbol{P}^{-1}\boldsymbol{AP}=\boldsymbol{\Lambda}$。

10. 设 3 阶方阵 $\boldsymbol{A}$ 的特征值为 $\lambda_1=1$，$\lambda_2=0$，$\lambda_3=-1$，对应的特征向量分别为

$$\boldsymbol{\alpha}_1=\begin{pmatrix}1\\2\\2\end{pmatrix},\quad \boldsymbol{\alpha}_2=\begin{pmatrix}2\\-2\\1\end{pmatrix},\quad \boldsymbol{\alpha}_3=\begin{pmatrix}-2\\-1\\2\end{pmatrix}$$

求 $\boldsymbol{A}$。

11. 设矩阵 $\boldsymbol{A}=\begin{pmatrix}2&1\\2&3\end{pmatrix}$，求 $\boldsymbol{A}^{100}$。

12. 求正交矩阵 $\boldsymbol{Q}$，使 $\boldsymbol{Q}^{-1}\boldsymbol{A}\boldsymbol{Q}$ 为对角矩阵：

（1）$\boldsymbol{A}=\begin{pmatrix} 2 & -2 & 0 \\ -2 & 1 & -2 \\ 0 & -2 & 0 \end{pmatrix}$；

（2）$\boldsymbol{A}=\begin{pmatrix} 1 & 1 & 1 \\ 1 & 1 & 1 \\ 1 & 1 & 1 \end{pmatrix}$。

13. 设$\boldsymbol{A}$相似$\boldsymbol{\Lambda}$，其中

$$\boldsymbol{A}=\begin{pmatrix}1 & a & 1\\ a & 1 & b\\ 1 & b & 1\end{pmatrix},\quad \boldsymbol{\Lambda}=\begin{pmatrix}0 & 0 & 0\\ 0 & 1 & 0\\ 0 & 0 & 2\end{pmatrix}$$

求实数a,b及正交矩阵$\boldsymbol{Q}$，使$\boldsymbol{Q}^{-1}\boldsymbol{A}\boldsymbol{Q}=\boldsymbol{\Lambda}$。

14. 已知三阶实对称矩阵的特征值为：-2，1，4。$\boldsymbol{\alpha}_1=(0,-1,1)'$，$\boldsymbol{\alpha}_2=(1,-1,-1)'$分别是$\boldsymbol{A}$的属于$-2$和1的特征向量，求$\boldsymbol{A}$。

第五章自测题

1. 填充与选择题

（1）设矩阵 $\boldsymbol{A}=\begin{pmatrix}1&5\\5&1\end{pmatrix}$，则 $\boldsymbol{A}$ 的特征值是__________。

（2）已知矩阵 $\boldsymbol{A}=\begin{pmatrix}7&4&-1\\4&7&-1\\-4&-4&a\end{pmatrix}$ 的特征值 $\lambda_{1,2}=3$，$\lambda_3=12$，则 $a=$__________。

（3）设 $\boldsymbol{A}=\begin{pmatrix}1&2\\0&3\end{pmatrix}$，则下列矩阵与 $\boldsymbol{A}$ 不相似的是（　　）。

(A) $\begin{pmatrix}1&0\\2&3\end{pmatrix}$　(B) $\begin{pmatrix}1&7\\0&3\end{pmatrix}$　(C) $\begin{pmatrix}1&1\\2&2\end{pmatrix}$　(D) $\begin{pmatrix}2&1\\1&2\end{pmatrix}$

（4）设 $\boldsymbol{A}$ 是 3 阶矩阵，特征值是 $\lambda_1=2$，$\lambda_2=-1$，$\lambda_3=0$，对应的特征向量分别是 $\boldsymbol{\alpha}_1$，$\boldsymbol{\alpha}_2$，$\boldsymbol{\alpha}_3$，若 $\boldsymbol{P}=(\boldsymbol{\alpha}_3,3\boldsymbol{\alpha}_2,-\boldsymbol{\alpha}_1)$，则 $\boldsymbol{P}^{-1}\boldsymbol{A}\boldsymbol{P}=$（　　）。

(A) $\begin{pmatrix}2&&\\&-1&\\&&0\end{pmatrix}$　(B) $\begin{pmatrix}0&&\\&-3&\\&&-2\end{pmatrix}$

(C) $\begin{pmatrix}0&&\\&-1&\\&&2\end{pmatrix}$　(D) $\begin{pmatrix}0&&\\&1&\\&&-2\end{pmatrix}$

2. 矩阵 $\boldsymbol{A}=\begin{pmatrix}1&-1&1\\2&4&-2\\-3&-3&5\end{pmatrix}$ 能否对角化？若能，求出对角阵 $\boldsymbol{\Lambda}$ 及相似变换矩阵 $\boldsymbol{P}$，使 $\boldsymbol{P}^{-1}\boldsymbol{A}\boldsymbol{P}=\boldsymbol{\Lambda}$，若不能，则说明理由。

3. 已知 $\boldsymbol{A}=\begin{pmatrix} a & b & c \\ -3 & 3 & -1 \\ -15 & 8 & -6 \end{pmatrix}$ 与 $\boldsymbol{B}=\begin{pmatrix} 1 & 0 & 0 \\ 0 & 2 & 0 \\ 0 & 0 & -1 \end{pmatrix}$ 相似，求实数 a, b, c 及可逆阵 $\boldsymbol{P}$，使 $\boldsymbol{P}^{-1}\boldsymbol{A}\boldsymbol{P}=\boldsymbol{B}$。

4. 设 λ 为矩阵 $\boldsymbol{A}$ 的特征值，$\boldsymbol{x}$ 为对应的特征向量，证明：$\lambda^3+\lambda-2$ 为 $\boldsymbol{A}^3+\boldsymbol{A}-2\boldsymbol{E}$ 的特征值，$\boldsymbol{x}$ 为对应的特征向量。

第六章　二次型

第六章习题

1. 用矩阵形式表示下列二次型

(1) $f(x,y,z)=x^2+2y^2+3z^2+2xy+4xz+6yz$；

(2) $f(x_1,x_2,x_3,x_4)=x_1^2+3x_2^2-x_3^2+x_1x_2-2x_1x_3+3x_2x_3$。

2. 设 $\boldsymbol{A}=\begin{pmatrix}\boldsymbol{A}_1 & \boldsymbol{0}\\ \boldsymbol{0} & \boldsymbol{A}_2\end{pmatrix}$，$\boldsymbol{B}=\begin{pmatrix}\boldsymbol{B}_1 & \boldsymbol{0}\\ \boldsymbol{0} & \boldsymbol{B}_2\end{pmatrix}$，证明 如果 $\boldsymbol{A}_1$ 与 $\boldsymbol{B}_1$ 合同，$\boldsymbol{A}_2$ 与 $\boldsymbol{B}_2$ 合同，则 $\boldsymbol{A}$ 与 $\boldsymbol{B}$ 合同。

3. 用正交变换法化下面二次型为标准形：

（1）$f(x_1,x_2,x_3)=2x_1^2+x_2^2+2x_3^2-4x_1x_3$；

（2）$f(x_1,x_2,x_3)=x_1^2+4x_2^2+x_3^2-4x_1x_2-8x_1x_3-4x_2x_3$。

4. 用可逆线性变换（配方法）化下列二次型为标准形：

（1）$f(x_1,x_2,x_3)=x_1^2+2x_1x_2+2x_2^2+4x_2x_3+4x_3^2$；

（2）$f(x_1,x_2,x_3)=2x_1x_2+2x_1x_3-6x_2x_3$。

5. 求二次型 $f(x_1,x_2,x_3)=x_1^2+5x_1x_2-3x_2x_3$ 的秩与符号差。

6. 判别下列二次型的正定性：

（1）$f(x_1,x_2,x_3)=5x_1^2+x_2^2+5x_3^2+4x_1x_2-8x_1x_3-4x_2x_3$；

（2）$f(x_1,x_2,x_3)=-2x_1^2-6x_2^2-4x_3^2+2x_1x_2+2x_1x_3$。

7. 证明：正定矩阵的主对角线上的元素全大于零。

8. 证明：实对称矩阵 $\boldsymbol{A}$ 正定的充分必要条件是存在可逆矩阵 $\boldsymbol{C}$，使 $\boldsymbol{A}=\boldsymbol{C}'\boldsymbol{C}$。

9. 设 $\boldsymbol{A}$ 是 n 阶正定矩阵，试证明：$|\boldsymbol{A}+\boldsymbol{E}|>1$。

第六章自测题

1. 填充与选择题

（1）二次型 $f(x_1,x_2)=3x_1^2-4x_1x_2+x_2^2$ 的矩阵是__________。

（2）若矩阵 $\boldsymbol{A}=\begin{pmatrix}2&0&0\\0&2&2\\0&2&\lambda\end{pmatrix}$ 正定，则 λ 的取值范围是__________。

（3）以下结论中不正确的是（　　）。

（A）若存在可逆实矩阵 $\boldsymbol{C}$，使 $\boldsymbol{A}=\boldsymbol{C}'\boldsymbol{C}$，则 $\boldsymbol{A}$ 是正定矩阵

（B）二次型 $f(x_1,x_2,x_3)=x_1^2+x_2^2$ 是正定二次型

（C）n 元实二次型正定的充分必要条件是 f 的正惯性指数为 n

（D）n 阶实对称矩阵 $\boldsymbol{A}$ 正定的充分必要条件是 $\boldsymbol{A}$ 的特征值全为正数

（4）实二次型 $f(x_1,x_2,x_3)$ 的秩为 3，符号差为 -1，则 f 的标准形可能为（　　）。

（A）$-y_1^2+2y_2^2-y_3^2$　　（B）$y_1^2-2y_2^2+y_3^2$

（C）$y_1^2+2y_2^2-y_3^2$　　（D）$-y_1^2$

2. 已知二次型 f 的秩为 2，求参数 c，其中

$$f(x_1,x_2,x_3)=5{x_1}^2+5{x_2}^2+c{x_3}^2-2x_1x_2+6x_1x_3-6x_2x_3$$

3. 已知二次型 $f(x_1,x_2,x_3)=4x_1^2+3x_2^2+3x_3^2+2x_2x_3$：

（1）写出二次型 f 的矩阵 $\mathbf{A}$；

（2）用正交变换把二次型 f 化为标准形，并写出相应的正交变换矩阵；

（3）判别二次型的正定性。

4. 已知二次曲面方程 $x^2+ay^2+z^2+2bxy+2xz+2yz=4$，可以经过正交变换 $\begin{pmatrix}x\\y\\z\end{pmatrix}=\boldsymbol{P}\begin{pmatrix}\xi\\\eta\\\zeta\end{pmatrix}$ 化为椭圆柱面方程 $\eta^2+4\zeta^2=4$，求 a,b 的值和正交矩阵 $\boldsymbol{Q}$。

第七章　线性空间与线性变换

第七章习题

1. 判别下列子集合是否为 $\boldsymbol{R}^3$ 的子空间，并说明几何意义：

(1) $\boldsymbol{W}=\{(x_1,x_2,x_3)\mid x_1-x_2+x_3=0\}$；　(2) $\boldsymbol{W}=\{(x_1,x_2,x_3)\mid x_1+x_2=1\}$；

(3) $\boldsymbol{W}=\{(x_1,x_2,x_3)\mid x_3\geqslant 0\}$；　(4) $\boldsymbol{W}=\{(x_1,x_2,x_3)\mid 6x_1=3x_2=2x_3\}$。

2. 求出下列线性空间的一组基和维数：由所有实对称二阶方阵构成线性空间 $\boldsymbol{S}=\{\boldsymbol{A}\mid \boldsymbol{A}=\boldsymbol{A}^{\mathrm{T}},\boldsymbol{A}\in\boldsymbol{R}^{2\times 2}\}$，并写出矩阵

$$\begin{pmatrix} 3 & -2 \\ -2 & 1 \end{pmatrix}$$

在该组基下的坐标。

3. 试求齐次线性方程组

$$\begin{cases}2x_1+x_2-x_3+x_4-3x_5=0\\ x_1+x_2-x_3+\qquad x_5=0\end{cases}$$

的解空间的维数和一组基。

4. 在 $\boldsymbol{R}^3$ 中，求向量 $\boldsymbol{\beta}=(1,3,0)'$ 关于基 $\boldsymbol{\alpha}_1=(1,0,1)'$，$\boldsymbol{\alpha}_2=(0,1,0)'$，$\boldsymbol{\alpha}_3=(1,2,2)'$ 的坐标。

5. 设线性空间 $\boldsymbol{R}^4$ 中的向量 $\boldsymbol{\xi}$ 在基 $\boldsymbol{\alpha}_1,\boldsymbol{\alpha}_2,\boldsymbol{\alpha}_3,\boldsymbol{\alpha}_4$ 下的坐标为 $(1,0,2,2)'$，若另一组基 $\boldsymbol{\beta}_1,\boldsymbol{\beta}_2,\boldsymbol{\beta}_3,\boldsymbol{\beta}_4$ 可以由基 $\boldsymbol{\alpha}_1,\boldsymbol{\alpha}_2,\boldsymbol{\alpha}_3,\boldsymbol{\alpha}_4$ 表示，有

$$\begin{cases}\boldsymbol{\beta}_1=\boldsymbol{\alpha}_1+\boldsymbol{\alpha}_2+\boldsymbol{\alpha}_4\\ \boldsymbol{\beta}_2=2\boldsymbol{\alpha}_1+\boldsymbol{\alpha}_2+3\boldsymbol{\alpha}_3+\boldsymbol{\alpha}_4\\ \boldsymbol{\beta}_3=\boldsymbol{\alpha}_1+\boldsymbol{\alpha}_2\\ \boldsymbol{\beta}_4=\boldsymbol{\alpha}_2-\boldsymbol{\alpha}_3-\boldsymbol{\alpha}_4\end{cases}$$

写出基 $\boldsymbol{\alpha}_1,\boldsymbol{\alpha}_2,\boldsymbol{\alpha}_3,\boldsymbol{\alpha}_4$ 到基 $\boldsymbol{\beta}_1,\boldsymbol{\beta}_2,\boldsymbol{\beta}_3,\boldsymbol{\beta}_4$ 的过渡矩阵；求向量 $\boldsymbol{\xi}$ 在基 $\boldsymbol{\beta}_1,\boldsymbol{\beta}_2,\boldsymbol{\beta}_3,\boldsymbol{\beta}_4$ 下的坐标。

6. 已知 $\boldsymbol{R}^3$ 中的两组基为

$$\boldsymbol{\alpha}_1=(1,1,1)',\ \boldsymbol{\alpha}_2=(1,1,0)',\ \boldsymbol{\alpha}_3=(1,0,0)'$$
$$\boldsymbol{\beta}_1=(1,0,1)',\ \boldsymbol{\beta}_2=(0,1,1)',\ \boldsymbol{\beta}_3=(1,1,0)'$$

(1) 求从基 $\boldsymbol{\alpha}_1,\boldsymbol{\alpha}_2,\boldsymbol{\alpha}_3$ 到基 $\boldsymbol{\beta}_1,\boldsymbol{\beta}_2,\boldsymbol{\beta}_3$ 的过渡矩阵；

(2) 求坐标变换公式；

(3) 试确定一个向量，使它在这两组基下具有相同的坐标。

第七章自测题

1. 填充题

（1）在 $\boldsymbol{R}^3$ 中，向量 $\boldsymbol{\alpha}=(3,7,1)$ 在基 $\boldsymbol{\alpha}_1=(1,3,5)$，$\boldsymbol{\alpha}_2=(6,3,2)$，$\boldsymbol{\alpha}_3=(3,1,0)$ 下的坐标是__________。

（2）从 $\boldsymbol{R}^2$ 的基 $\boldsymbol{\alpha}_1=(1,0)$，$\boldsymbol{\alpha}_2=(1,1)$ 到基 $\boldsymbol{\beta}_1=(1,1)$，$\boldsymbol{\beta}_2=(1,2)$ 的过渡矩阵是__________。

（3）设 a,b 为任意实数，在 $\boldsymbol{R}^3$ 中形如 $(a,2a,b)$ 的所有向量构成的子空间的维数是__________。

2. $\boldsymbol{R}^{2\times 3}$ 的下列子集是否构成子空间，为什么？如果构成子空间，试写出其一组基。

（1）$\boldsymbol{W}_1=\left\{\begin{pmatrix}1 & b & 0\\ 0 & c & d\end{pmatrix}\middle| bcd\in\mathbf{R}\right\}$；

（2）$\boldsymbol{W}_2=\left\{\begin{pmatrix}a & b & 0\\ 0 & 0 & c\end{pmatrix}\middle| a+b+c=0,\ a,b,c\in\mathbf{R}\right\}$。

3. 证明：$\boldsymbol{\alpha}_1=x^2+x$，$\boldsymbol{\alpha}_2=x^2-x$，$\boldsymbol{\alpha}_3=x+1$ 是 $\boldsymbol{R}_2[x]$的一个基；并求 $\boldsymbol{\alpha}=2x^2+7x+3$在基 $\boldsymbol{\alpha}_1,\boldsymbol{\alpha}_2,\boldsymbol{\alpha}_3$ 下的坐标。

4. 设 $\boldsymbol{A}\in\boldsymbol{R}^{n\times n}$，

(1) 证明与 $\boldsymbol{A}$ 可交换的矩阵构成$\boldsymbol{R}^{n\times n}$的一个子空间，记作 $\boldsymbol{C}(\boldsymbol{A})$；

(2) 当 $\boldsymbol{A}=\mathrm{diag}(1,2,3,\cdots,n)$时，求子空间 $\boldsymbol{C}(\boldsymbol{A})$的维数与一组基。

附录一　线性代数测试试题及详解

线性代数测试试题一

一、填空

1. （4分）计算行列式$\begin{pmatrix} -2 & 3 & 1 \\ 503 & 201 & 298 \\ 5 & 2 & 3 \end{pmatrix}=$__________。

2. （4分）已知向量组$\boldsymbol{\alpha}_1=(1,2,-1,1)$，$\boldsymbol{\alpha}_2=(2,0,t,0)$，$\boldsymbol{\alpha}_3=(0,-4,5,-2)$的秩为2,则$t=$__________。

3.（4分）初等变换有三种,它们分别是(1)__________,(2)__________,(3)__________。

4.（4分）方阵$\boldsymbol{A}$为正交矩阵的充分必要条件是$\boldsymbol{A}$的列向量都是__________向量，且__________。

二、选择

1.（4分）设$\boldsymbol{A},\boldsymbol{B},\boldsymbol{C}$是三个同阶方阵,且$\boldsymbol{ABC}=\boldsymbol{E}$。下列等式:$\boldsymbol{ACB}=\boldsymbol{E}$；$\boldsymbol{BAC}=\boldsymbol{E}$；$\boldsymbol{BCA}=\boldsymbol{E}$；$\boldsymbol{CAB}=\boldsymbol{E}$；$\boldsymbol{CBA}=\boldsymbol{E}$。其中正确的个数有(　　)。

(A) 1个　　(B) 2个　　(C) 3个　　(D) 4个

2. （4分）方程组$\begin{cases} a_1x+b_1y+c_1z+d_1=0 \\ a_2x+b_2y+c_2z+d_2=0 \\ a_3x+b_3y+c_3z+d_3=0 \end{cases}$表示空间三平面，若系数矩阵的秩为3，则三平面的位置关系是（　　）。

(A) 三平面重合　　(B) 三平面无公共交点

(C) 三平面交于一点　　(D) 位置关系无法确定

3. （4分）不可对角化的矩阵是（　　）。

(A) 实对称矩阵　　(B) 有n个线性无关的特征向量的n阶方阵

(C) 有n个不同特征值的n阶方阵　　(D) 不足n个线性无关的特征向量的n阶方阵

三、（10分）计算行列式$\begin{vmatrix} 1 & 2 & 3 & 4 \\ 2 & 3 & 4 & 1 \\ 3 & 4 & 1 & 2 \\ 4 & 1 & 2 & 3 \end{vmatrix}$。

四、（10分）已知：$\boldsymbol{A}=\begin{pmatrix} 1 & 0 & 0 \\ 0 & 0 & 1 \\ 0 & 1 & 0 \end{pmatrix}$，$\boldsymbol{B}=\begin{pmatrix} 1 & 1 & 1 \\ 0 & 1 & 1 \\ 0 & 0 & 1 \end{pmatrix}$，求$(\boldsymbol{AB})^{-1}$。

五、（12 分）已知矩阵 $\boldsymbol{A}=\begin{pmatrix}1 & 1\\0 & 1\end{pmatrix}$，$\boldsymbol{B}=\begin{pmatrix}2 & 1\\3 & 2\end{pmatrix}$，试求 $(\boldsymbol{B}^{-1}\boldsymbol{A}\boldsymbol{B})^{100}$。

六、（12 分）已知 $\boldsymbol{\alpha}_1=(1,2,3)$，$\boldsymbol{\alpha}_2=(3,-1,2)$，$\boldsymbol{\alpha}_3=(2,3,c)$，试问：

（1）c 为何值时，$\boldsymbol{\alpha}_1,\boldsymbol{\alpha}_2,\boldsymbol{\alpha}_3$ 线性无关；

（2）c 为何值时，$\boldsymbol{\alpha}_1,\boldsymbol{\alpha}_2,\boldsymbol{\alpha}_3$ 线性相关，并将 $\boldsymbol{\alpha}_3$ 表示成 $\boldsymbol{\alpha}_1,\boldsymbol{\alpha}_2$ 的线性组合。

七、（12 分）求 a 的值，使方程组 $\begin{cases} 3x_1+x_2-x_3-2x_4=2 \\ x_1-5x_2+2x_3+x_4=-1 \\ 2x_1+6x_2-3x_3-3x_4=a+4 \\ -x_1-11x_2+5x_3+4x_4=-4 \end{cases}$ 有解，当有解时，求它的一般解。

八、（10 分）已知矩阵 $\boldsymbol{A}=\begin{pmatrix} 1 & 0 & -1 \\ 0 & 3 & 0 \\ -1 & 0 & 1 \end{pmatrix}$，（1）写出与 $\boldsymbol{A}$ 对应的二次型 $f(x_1,x_2,x_3)$，并求 $R(f)$；

（2）求 $\boldsymbol{A}$ 的特征值，特征向量并考察它们的正交性；（3）判别 $\boldsymbol{A}$ 的正定性。

九、（6 分）如果向量 β 可由向量组 $\boldsymbol{\alpha}_1,\boldsymbol{\alpha}_2,\cdots,\boldsymbol{\alpha}_\gamma$ 线性表出，证明：表示法唯一的充分必要条件是 $\boldsymbol{\alpha}_1,\boldsymbol{\alpha}_2,\cdots,\boldsymbol{\alpha}_\gamma$ 线性无关。

线性代数测试试题二

一、填空

1. （4 分）若 $\boldsymbol{A},\boldsymbol{B}$ 和 $\boldsymbol{C}$ 均为 n 阶方阵，且 $|\boldsymbol{A}|\neq 0$，$\boldsymbol{AB}=\boldsymbol{C}$，则 $\boldsymbol{B}=$__________。

2. （4 分）设 $\boldsymbol{\alpha}_1=(6,-2,0,4)$，$\boldsymbol{\alpha}_2=(-3,1,5,7)$，则 $3\boldsymbol{\alpha}_1-2\boldsymbol{\alpha}_2=$__________。

3. （4 分）$\boldsymbol{AX}=\boldsymbol{0}$ 是 n 个未知数 n 个方程的线性方程组（$\boldsymbol{A}$ 是系数矩阵），它有非零解的充分必要条件是__________。

4. （4 分）$m\times n$ 阶矩阵 $\boldsymbol{A}$ 与 $\boldsymbol{B}$ 等价的充分必要条件是：存在__________阶可逆方阵 $\boldsymbol{P}$ 及__________阶可逆方阵 $\boldsymbol{Q}$，使 $\boldsymbol{PAQ}=\boldsymbol{B}$。

二、选择

1. （4 分）若 $\boldsymbol{\alpha}_1,\boldsymbol{\alpha}_2,\boldsymbol{\alpha}_3,\boldsymbol{\beta}_1,\boldsymbol{\beta}_2$ 都是四维列向量，且 4 阶行列式 $|\boldsymbol{\alpha}_1\quad\boldsymbol{\alpha}_2\quad\boldsymbol{\alpha}_3\quad\boldsymbol{\beta}_1|=m$，$|\boldsymbol{\alpha}_1\quad\boldsymbol{\alpha}_2\quad\boldsymbol{\beta}_2\quad\boldsymbol{\alpha}_3|=n$，则 4 阶行列式 $|\boldsymbol{\alpha}_3\quad\boldsymbol{\alpha}_2\quad\boldsymbol{\alpha}_1\quad(\boldsymbol{\beta}_1+\boldsymbol{\beta}_2)|$ 等于（　　）。

(A) $m+n$　　(B) $-(m+n)$　　(C) $n-m$　　(D) $m-n$

2. （4 分）齐次线性方程组 $\boldsymbol{AX}=\boldsymbol{0}$ 的一个基础解系为 $\boldsymbol{\eta}_1=(-2,1,0,0,1)'$；$\boldsymbol{\eta}_2=(-1,-3,0,1,0)'$；$\boldsymbol{\eta}_3=(2,1,0,0,1)'$。则（　　）。

(A) $R(\boldsymbol{A})=5$　　(B) $R(\boldsymbol{A})=3$　　(C) $R(\boldsymbol{A})=2$　　(D) $R(\boldsymbol{A})=4$

3. （4 分）设 $\boldsymbol{A}$ 与 $\boldsymbol{B}$ 同为 n 阶方阵，若 $\boldsymbol{A}$ 和 $\boldsymbol{B}$ 相似，则下述论断错误的是（　　）。

(A) 存在 $\boldsymbol{M}$，且 $|\boldsymbol{M}|\neq 0$，并有 $\boldsymbol{MB}=\boldsymbol{AM}$　　(B) $\boldsymbol{A}$ 与 $\boldsymbol{B}$ 有相同的特征值

(C) $|\lambda\boldsymbol{E}-\boldsymbol{A}|=|\lambda\boldsymbol{E}-\boldsymbol{B}|$　　(D) $\boldsymbol{A}$ 和 $\boldsymbol{B}$ 均可对角化

三、（12 分）计算 n 阶行列式 $D_n=\begin{vmatrix} 0 & 1 & 0 & \cdots & 0 & 0 \\ 1 & 0 & 1 & \cdots & 0 & 0 \\ 0 & 1 & 0 & \cdots & 0 & 0 \\ \cdots & \cdots & \cdots & \cdots & \cdots & \cdots \\ 0 & 0 & 0 & \cdots & 0 & 1 \\ 0 & 0 & 0 & \cdots & 1 & 0 \end{vmatrix}$

四、（12 分）设矩阵 $\boldsymbol{A}$ 和 $\boldsymbol{B}$ 满足关系式 $\boldsymbol{AB}=\boldsymbol{A}+2\boldsymbol{B}$，其中 $\boldsymbol{A}=\begin{pmatrix} 4 & 2 & 3 \\ 1 & 1 & 0 \\ -1 & 2 & 3 \end{pmatrix}$，求矩阵 $\boldsymbol{B}$。

五、(10 分) 设 $\boldsymbol{\alpha}_1=(1,1,1)$，$\boldsymbol{\alpha}_2=(1,2,3)$，$\boldsymbol{\alpha}_3=(1,3,k)$，试问 k 取何值时 $\boldsymbol{\alpha}_1,\boldsymbol{\alpha}_2,\boldsymbol{\alpha}_3$ 线性相关，并求一个相关表达式。

六、(14 分) a,b 取何值时，方程组 $\begin{cases} x_1+x_2+x_3+x_4=1 \\ 3x_1+2x_2+x_3+x_4=a \\ x_2+2x_3+2x_4=3 \\ 5x_1+4x_2+3x_3+3x_4=b \end{cases}$ 有解，有解时求出一般解。

七、(14 分) 已知二次型 $f(x_1,x_2,x_3)=4x_2^2-3x_3^2+4x_1x_2-4x_1x_3+8x_2x_3$：

(1) 写出二次型 f 的矩阵表达式；

(2) 用正交变换把二次型 f 化为标准形，并写出相应的正交矩阵。

八、(10 分) 设 λ_1,λ_2 是实对称矩阵 $\boldsymbol{A}$ 的两个不同的特征值，$\boldsymbol{\rho}_1,\boldsymbol{\rho}_2$ 是对应的特征向量，则 $\boldsymbol{\rho}_1$ 与 $\boldsymbol{\rho}_2$ 正交，试证之。

线性代数测试试题三

一、填空

1.（4 分）行列式 $\begin{vmatrix} 1 & 1 & 1 & 0 \\ 1 & 1 & 0 & 1 \\ 1 & 0 & 1 & 1 \\ 0 & 1 & 1 & 1 \end{vmatrix}=$__________。

2.（4 分）设矩阵 $\boldsymbol{B}$ 是由矩阵 $\boldsymbol{A}$ 中划去某一列所得，则 $R(\boldsymbol{B})$ __________ $R(\boldsymbol{A})$。

3.（4 分）设 n 阶矩阵 $\boldsymbol{A}$ 的各行元素之和均为零，且 $\boldsymbol{A}$ 的秩为 $n-1$，则线性方程组 $\boldsymbol{AX}=\boldsymbol{0}$ 的通解为__________。

4.（4 分）若 n 元线性方程组的系数矩阵的秩为 r，则当__________时方程组有唯一解；当__________时，方程组有无穷多解。

二、选择

1.（4 分）设三阶方阵 $\boldsymbol{A}$ 的特征值分别为 1，-1，3，则 $\boldsymbol{A}+4\boldsymbol{E}$ 的特征值分别为（　　）。

（A）1，-1，3　　（B）5，3，7　　（C）5，0，7　　（D）5，4，7

2.（4 分）若向量组 $\boldsymbol{\alpha}_1,\boldsymbol{\alpha}_2,\cdots,\boldsymbol{\alpha}_r$ 可由向量组 $\boldsymbol{\beta}_1,\boldsymbol{\beta}_2,\cdots,\boldsymbol{\beta}_s$ 线性表出，且 $\boldsymbol{\alpha}_1,\boldsymbol{\alpha}_2,\cdots,\boldsymbol{\alpha}_r$ 线性无关，则 r 与 s 的关系为（　　）。

（A）$r\leqslant s$　　（B）$r<s$　　（C）$r\geqslant s$　　（D）$r>s$

3.（4 分）设 n 阶矩阵 $\boldsymbol{A}$ 有 s 个不同的特征值：$\lambda_1,\lambda_2,\cdots,\lambda_s$，而且 $R(\lambda_i\boldsymbol{E}-\boldsymbol{A})=n-r_i$，$i=1,2,\cdots,s$。如果 $\boldsymbol{A}$ 与对角矩阵相似，则（　　）。

（A）$\sum\limits_{i=1}^{s}r_i=n$　　（B）$\sum\limits_{i=1}^{s}r_i\neq n$　　（C）$\sum\limits_{i=1}^{s}r_i\geqslant n$　　（D）$\sum\limits_{i=1}^{s}r_i\leqslant n$

三、（10 分）计算 n 阶行列式：$\begin{vmatrix} x_1-m & x_2 & \cdots & x_n \\ x_1 & x_2-m & \cdots & x_n \\ \cdots & \cdots & \cdots & \cdots \\ x_1 & x_2 & \cdots & x_n-m \end{vmatrix}$。

四、（10 分）设 $\boldsymbol{A}=\begin{pmatrix} 1 & 2 & 0 \\ 0 & 1 & 0 \\ 0 & 1 & 3 \end{pmatrix}$，$\boldsymbol{B}=\begin{pmatrix} 1 & 1 \\ 1 & 0 \\ 3 & 2 \end{pmatrix}$，$\boldsymbol{C}=\begin{pmatrix} 1 & 0 \\ 1 & 1 \\ 2 & 0 \end{pmatrix}$，

已知矩阵 $\boldsymbol{X}$ 满足 $\boldsymbol{AX}+\boldsymbol{B}=3\boldsymbol{C}$，求 $\boldsymbol{X}$。

五、（10 分）求向量组 $\boldsymbol{\alpha}_1=(1,2,1,3)$，$\boldsymbol{\alpha}_2=(4,-1,-5,-6)$，$\boldsymbol{\alpha}_3=(1,-3,-4,-7)$，$\boldsymbol{\alpha}_4=(2,1,-1,0)$的秩及一个最大线性无关组。

六、（8 分）设 $\boldsymbol{A}$ 是 n 阶矩阵，满足 $\boldsymbol{A}\boldsymbol{A}'=\boldsymbol{E}$（$\boldsymbol{E}$ 是 n 阶单位矩阵，$\boldsymbol{A}'$是 $\boldsymbol{A}$ 的转置矩阵），$|\boldsymbol{A}|<0$，求 $|\boldsymbol{A}+\boldsymbol{E}|$。

七、（6 分）已知方程组$\begin{cases} x_1-x_2+2x_3+3x_4=0 \\ x_1-x_2+x_3+2x_4=0 \\ x_1-x_2+3x_3+4x_4=0 \\ x_1-x_2+5x_4=0 \end{cases}$，求基础解系。

八、（10 分）解非齐次线性方程组：$\begin{cases} x+5x_2-x_3-x_4=-1 \\ x_1-2x_2+x_3+3x_4=3 \\ 3x_1+8x_2-x_3+x_4=1 \\ x_1-9x_2+3x_3+7x_4=7 \end{cases}$。

九、（10分）已知 $\boldsymbol{A}=\begin{pmatrix}2 & 0 & 4\\0 & 6 & 0\\4 & 0 & 2\end{pmatrix}$，求一正交矩阵 $\boldsymbol{P}$，使 $\boldsymbol{P}^{-1}\boldsymbol{A}\boldsymbol{P}$ 成为对角阵。

十、（8分）设 $\boldsymbol{\alpha}_1,\boldsymbol{\alpha}_2,\boldsymbol{\alpha}_3$ 是齐次线性方程组 $\boldsymbol{AX}=\boldsymbol{0}$ 的一个基础解系，证明 $\boldsymbol{\alpha}_1+\boldsymbol{\alpha}_2$，$\boldsymbol{\alpha}_2+\boldsymbol{\alpha}_3,\boldsymbol{\alpha}_3+\boldsymbol{\alpha}_1$ 也是该方程组的一个基础解系。

线性代数测试试题四

一、填空

1.（4 分）设 $\boldsymbol{A},\boldsymbol{B}$ 均为 n 阶矩阵，$|\boldsymbol{A}|=2$，$|\boldsymbol{B}|=-3$，则 $|2\boldsymbol{A}^*\boldsymbol{B}^{-1}|=$__________。

2.（4 分）已知向量组 $\boldsymbol{\alpha}_1=(1,2,-1,1)$，$\boldsymbol{\alpha}_2=(2,0,t,0)$，$\boldsymbol{\alpha}_3=(0,-4,5,-2)$ 的秩为 2，则 $t=$__________。

3.（4 分）非齐次线性方程组有解的充要条件是__________。

二、选择

1.（4 分）向量组 $\boldsymbol{\alpha}_1,\boldsymbol{\alpha}_2,\cdots,\boldsymbol{\alpha}_s$ 线性无关的充分条件是（　　）。

(A) $\boldsymbol{\alpha}_1,\boldsymbol{\alpha}_2,\cdots,\boldsymbol{\alpha}_s$ 均不为零向量

(B) $\boldsymbol{\alpha}_1,\boldsymbol{\alpha}_2,\cdots,\boldsymbol{\alpha}_s$ 中任意两个向量的分量成比例

(C) $\boldsymbol{\alpha}_1,\boldsymbol{\alpha}_2,\cdots,\boldsymbol{\alpha}_s$ 中任意一个向量均不能由其余 $s-1$ 个向量线性表示

(D) $\boldsymbol{\alpha}_1,\boldsymbol{\alpha}_2,\cdots,\boldsymbol{\alpha}_s$ 中有一部分向量线性无关

2.（4 分）设向量组 $\boldsymbol{\alpha}_1,\boldsymbol{\alpha}_2,\boldsymbol{\alpha}_3$ 线性无关，则下列向量组中，线性无关的是（　　）。

(A) $\boldsymbol{\alpha}_1+\boldsymbol{\alpha}_2$，$\boldsymbol{\alpha}_2+\boldsymbol{\alpha}_3$，$\boldsymbol{\alpha}_3-\boldsymbol{\alpha}_1$

(B) $\boldsymbol{\alpha}_1+\boldsymbol{\alpha}_2$，$\boldsymbol{\alpha}_2+\boldsymbol{\alpha}_3$，$\boldsymbol{\alpha}_1+2\boldsymbol{\alpha}_2+\boldsymbol{\alpha}_3$

(C) $\boldsymbol{\alpha}_1+2\boldsymbol{\alpha}_2$，$2\boldsymbol{\alpha}_2+3\boldsymbol{\alpha}_3$，$3\boldsymbol{\alpha}_3+\boldsymbol{\alpha}_1$

(D) $\boldsymbol{\alpha}_1+\boldsymbol{\alpha}_2+\boldsymbol{\alpha}_3$，$2\boldsymbol{\alpha}_1-3\boldsymbol{\alpha}_2+22\boldsymbol{\alpha}_3$，$3\boldsymbol{\alpha}_1+5\boldsymbol{\alpha}_2-5\boldsymbol{\alpha}_3$

3.（4 分）属于不同特征值的特征向量之间的关系是__________。

(A) 线性相关的　(B) 线性无关的　(C) 可能是线性相关的　(D) 无法判定

三、（10 分）计算行列式：$\begin{vmatrix} -ab & ac & ae \\ bd & -cd & de \\ bf & cf & -ef \end{vmatrix}$。

四、（13 分）设 $\boldsymbol{A}=\begin{pmatrix} 0 & 0 & 1 & 1 \\ 2 & 2 & 1 & 0 \\ 0 & 1 & 3 & 2 \\ 0 & 2 & 5 & 4 \end{pmatrix}$，$\boldsymbol{E}=\begin{pmatrix} 1 & 0 & 0 & 0 \\ 0 & 1 & 0 & 0 \\ 0 & 0 & 1 & 0 \\ 0 & 0 & 0 & 1 \end{pmatrix}$，求 $(\boldsymbol{E}-\boldsymbol{A})^{-1}$。

五、（8分）设 $\boldsymbol{A}$ 是 $m\times n$ 矩阵，$\boldsymbol{B}$ 是 $n\times m$ 矩阵，$\boldsymbol{E}$ 是 n 阶单位矩阵（$m>n$），已知 $\boldsymbol{BA}=\boldsymbol{E}$，试判断 $\boldsymbol{A}$ 的列向量组是否线性相关？为什么？

六、（10分）向量组 $\boldsymbol{\alpha}_1=(1,1,1,-1)$，$\boldsymbol{\alpha}_2=(1,1,-1,-1)$，$\boldsymbol{\alpha}_3=(1,-1,-1,1)$，$\boldsymbol{\alpha}_4=(-1,-1,-1,1)$，求此向量组的秩，并求出它的一个最大无关组。

七、（14分）k 为何值时，线性方程组

$$\begin{cases} x_1+x_2+kx_3=4 \\ -x_1+kx_2+x_3=k^2 \\ x_1-x_2+2x_3=-4 \end{cases} \tag{①}$$

有唯一解、无解、有无穷多组解？在有解情况下，求出其全部解。

八、（12 分）求正交变换，将二次型 $f=2x_1^2+2x_2^2+3x_3^2+2x_1x_2$ 化为标准型。

九、（9 分）设 $\boldsymbol{e}_1,\boldsymbol{e}_2,\boldsymbol{e}_3$ 是两两正交的三维单位向量组，试证

$$\boldsymbol{\alpha}_1=\frac{1}{3}(2\boldsymbol{e}_1+2\boldsymbol{e}_2-\boldsymbol{e}_3),\ \boldsymbol{\alpha}_2=\frac{1}{3}(2\boldsymbol{e}_1-\boldsymbol{e}_2+2\boldsymbol{e}_3),\ \boldsymbol{\alpha}_3=\frac{1}{3}(\boldsymbol{e}_1-2\boldsymbol{e}_2-2\boldsymbol{e}_3)$$

构成 $\boldsymbol{R}^3$ 的正交规范基。

线性代数测试试题五

一、填空

1.（3 分）计算行列式 $\begin{vmatrix} a+1 & a+2 & a+3 \\ b+1 & b+2 & b+3 \\ c+1 & c+2 & c+3 \end{vmatrix}=$__________。

2.（4 分）设 $\boldsymbol{\alpha}_1=(3,3,3)$，$\boldsymbol{\alpha}_2=(-1,1,-3)$，$\boldsymbol{\alpha}_3=(2,1,3)$，则 $\boldsymbol{\alpha}_1,\boldsymbol{\alpha}_2,\boldsymbol{\alpha}_3$ 线性__________关。

3.（4 分）若 n 阶方阵 $\boldsymbol{A}$ 满足 $|\boldsymbol{A}-\boldsymbol{E}|=1$，$\boldsymbol{A}^2-\boldsymbol{A}=\boldsymbol{E}$，则 $(\boldsymbol{A}-\boldsymbol{E})^{-1}=$__________。

4.（4 分）若线性方程组 $\begin{cases} x_1+x_2=-a_1 \\ x_2+x_3=a_2 \\ x_3+x_4=-a_3 \\ x_4+x_1=a_4 \end{cases}$ 有解，则常数 a_1，a_2，a_3，a_4 应满足条件__________。

二、选择

1.（4 分）在三维几何空间 $O\text{-}XYZ$ 中，任一向量 $\overrightarrow{OP}$ 都可由向量 $\overrightarrow{OA}$，$\overrightarrow{OB}$，$\overrightarrow{OC}$ 线性表示的充要条件是（　　）。

(A) $\overrightarrow{OA}$，$\overrightarrow{OB}$，$\overrightarrow{OC}$ 不共线　　(B) $\overrightarrow{OA}$，$\overrightarrow{OB}$，$\overrightarrow{OC}$ 不共面

(C) $\overrightarrow{OA}$，$\overrightarrow{OB}$，$\overrightarrow{OC}$ 两两垂直　　(D) $\overrightarrow{OA}$，$\overrightarrow{OB}$，$\overrightarrow{OC}$ 都不是零向量

2.（4 分）若矩阵 $\boldsymbol{A}$ 的秩为 r，则__________。

(A) $\boldsymbol{A}$ 中所有 r 阶子式均不为零　　(B) $\boldsymbol{A}$ 中所有 $r+1$ 阶子式均等于零

(C) $\boldsymbol{A}$ 中所有 $r-1$ 阶子式均不为零　　(D) $\boldsymbol{A}$ 中只有一个 r 阶子式不等于零

3.（4 分）非齐次线性方程组 $\boldsymbol{AX}=\boldsymbol{b}$ 中未知量个数为 n，方程个数为 m，系数矩阵 $\boldsymbol{A}$ 的秩为 r，则（　　）。

(A) $r=m$ 时，方程组 $\boldsymbol{AX}=\boldsymbol{b}$ 有解　　(B) $r=n$ 时，方程组 $\boldsymbol{AX}=\boldsymbol{b}$ 有唯一解

(C) $m=n$ 时，方程组 $\boldsymbol{AX}=\boldsymbol{b}$ 有唯一解　　(D) $r<n$ 时，方程组 $\boldsymbol{AX}=\boldsymbol{b}$ 有无穷多解

三、（8 分）解方程：$\begin{vmatrix} 1 & 1 & 2 & 3 \\ 1 & 2-x^2 & 2 & 3 \\ 2 & 3 & 1 & 5 \\ 2 & 3 & 1 & 9-x^2 \end{vmatrix}=0$。

四、（9 分）设 $\boldsymbol{A}=\begin{pmatrix} 0 & 0 & 0 \\ 1 & 0 & 0 \\ 0 & 1 & 0 \end{pmatrix}$，试求所有的矩阵 $\boldsymbol{B}$，使 $\boldsymbol{AB}=\boldsymbol{BA}$。

五、（9 分）设 $\boldsymbol{\alpha}_1,\boldsymbol{\alpha}_2,\boldsymbol{\alpha}_3$ 线性无关，问当 k 为何值时 $\boldsymbol{\alpha}_2-\boldsymbol{\alpha}_1$，$k\boldsymbol{\alpha}_3-\boldsymbol{\alpha}_2$，$\boldsymbol{\alpha}_1-\boldsymbol{\alpha}_3$ 也线性无关。

六、（13 分）已知 $\boldsymbol{AP}=\boldsymbol{PB}$，其中 $\boldsymbol{B}=\begin{pmatrix}1 & 0 & 0\\0 & 0 & 0\\0 & 0 & -1\end{pmatrix}$，$\boldsymbol{P}=\begin{pmatrix}1 & 0 & 0\\2 & -1 & 0\\2 & 1 & 1\end{pmatrix}$，求 $\boldsymbol{A}$ 及 $\boldsymbol{A}^5$。

七、（7 分）计算矩阵 $\begin{pmatrix}1 & 0 & 1 & 0\\1 & 1 & 0 & 0\\0 & 1 & 1 & 0\\0 & 1 & 0 & 1\end{pmatrix}$ 的秩。

八、（10 分）已知线性方程组$\begin{cases} x_1+x_2-2x_3-x_4=1 \\ 2x_1-x_2+x_3+2x_4=3 \\ x_1+4x_2-7x_3-5x_4=k \end{cases}$，试问当 k 取何值时有解？在有解的情况下求它的通解。

九、（10 分）已知矩阵 $\boldsymbol{A}=\begin{pmatrix} 0 & 1 & 1 \\ 1 & 0 & 1 \\ 1 & 1 & 0 \end{pmatrix}$，求特征值、特征向量并考察线性相关性与正交性。

十、（7 分）证明：若 $\boldsymbol{A}$ 与 $\boldsymbol{B}$ 相似，则 $\boldsymbol{A}^k$ 与 $\boldsymbol{B}^k$（k 为自然数）相似。

线性代数测试试题六

一、填空

1.（4 分）$\begin{pmatrix} 2 & 0 & -1 \\ 1 & 3 & 2 \end{pmatrix}\begin{pmatrix} 1 & -2 & -1 \\ 4 & 2 & 3 \\ 2 & 0 & 1 \end{pmatrix}=$__________。

2.（4 分）向量组 $\boldsymbol{\alpha}_1,\boldsymbol{\alpha}_2,\cdots,\boldsymbol{\alpha}_s$，线性相关指的是__________。

3.（4 分）n 阶方阵若有 n 个不相同的特征值，则与一个__________相似。

4.（4 分）设 n 元线性方程组 $\boldsymbol{Ax}=\boldsymbol{b}$，且 $R(\boldsymbol{A})=r$，$R(\boldsymbol{A}\mid\boldsymbol{b})=s$，则 $\boldsymbol{Ax}=\boldsymbol{b}$ 有解的充要条件是__________，有唯一解的充要条件__________，有无穷多解的充要条件__________。

二、选择

1.（4 分）设向量组 $\boldsymbol{\alpha}_1,\boldsymbol{\alpha}_2,\cdots,\boldsymbol{\alpha}_r$ 线性无关，则 $\boldsymbol{\alpha}_1,\boldsymbol{\alpha}_2,\cdots,\boldsymbol{\alpha}_r,\boldsymbol{\alpha}_{r+1},\cdots,\boldsymbol{\alpha}_m$ 必（　　）。

（A）线性无关　　（B）线性相关

（C）不能确定　　（D）能由 $\boldsymbol{\alpha}_1,\boldsymbol{\alpha}_2,\cdots,\boldsymbol{\alpha}_r$ 线性表示

2.（4 分）设 $\boldsymbol{A}$ 为 $m\times n$ 矩阵，齐次线性方程组 $\boldsymbol{AX}=\boldsymbol{0}$ 仅有零解的充分条件是（　　）。

（A）$\boldsymbol{A}$ 的列向量线性无关　　（B）$\boldsymbol{A}$ 的列向量线性相关

（C）$\boldsymbol{A}$ 的行向量线性无关　　（D）$\boldsymbol{A}$ 的行向量线性相关

3.（4 分）矩阵 $\boldsymbol{A}=\begin{pmatrix} 1 & -1 \\ -1 & 1 \end{pmatrix}$ 特征值为 0,2，则 $4\boldsymbol{A}$ 的特征值为（　　）。

（A）0，2　　（B）0，8　　（C）0，0　　（D）0，6

三、（12 分）计算 n 阶行列式 $\begin{vmatrix} 1 & 2 & 3 & \cdots & n \\ 2 & 3 & 4 & \cdots & 1 \\ 3 & 4 & 5 & \cdots & 2 \\ \cdots & \cdots & \cdots & \cdots & \cdots \\ n & 1 & 2 & \cdots & n-1 \end{vmatrix}$。

四、（10 分）已知 $\boldsymbol{A}=\begin{pmatrix} \cos\theta & -\sin\theta \\ \sin\theta & \cos\theta \end{pmatrix}$，计算 $\boldsymbol{A}^k$。

五、（14 分）用初等变换方法求$\begin{pmatrix} 2 & 3 & 1 \\ 0 & 1 & 3 \\ 1 & 2 & 5 \end{pmatrix}$的逆矩阵（要有步骤）。

六、（14 分）试求 a 的值，使线性方程组$\begin{cases} x_1+x_2+x_3+x_4=-7 \\ x_1+3x_3-x_4=8 \\ x_1+2x_2-x_3+x_4=2a+2 \\ 3x_1+3x_2+3x_3+2x_4=-11 \\ 2x_1+2x_2+2x_3+x_4=2a \end{cases}$有解，当有解时，求出解来。

七、（12 分）已知二次型 $f=2x_1^2+3x_2^2+3x_3^2+2ax_2x_3(a<0)$，通过正交变换化成标准形 $f=y_1^2+2y_2^2+5y_3^2$，求参数 a 及所用的正交变换。

八、（10 分）证明：若 $\boldsymbol{\alpha}_1,\boldsymbol{\alpha}_2,\cdots,\boldsymbol{\alpha}_s$ 是 $\boldsymbol{A}$ 的属于特征值 λ_0 的线性无关特征向量，则对任意一组不全为零的数 $k_1,k_2,\cdots,k_s$ 有 $k_1\boldsymbol{\alpha}_1+k_2\boldsymbol{\alpha}_2+\cdots+k_s\boldsymbol{\alpha}_s$ 也是 $\boldsymbol{A}$ 的属于 λ_0 的特征向量。

线性代数测试试题一解答

一、填空

1.（4分）-70。2.（4分）3。3.（4分）两行（列）互换，某行（列）$\times k$（$k\neq 0$），某行（列）的 k 倍加到另一行（列）对应元素上。4.（4分）单位，两两正交。

二、选择

1.（4分）（B）。2.（4分）（C）。3.（4分）（D）。

三、（10分）原式$=10\begin{vmatrix}1&0&0&0\\3&1&1&-1\\3&1&-3&-1\\4&-3&1&-1\end{vmatrix}=10\begin{vmatrix}1&1&-1\\1&-3&-1\\-3&1&-1\end{vmatrix}=160$。

四、（10分）$(\boldsymbol{AB})^{-1}=\boldsymbol{B}^{-1}\boldsymbol{A}^{-1}=\begin{pmatrix}1&-1&0\\0&1&-1\\0&0&1\end{pmatrix}\begin{pmatrix}1&0&0\\0&0&1\\0&1&0\end{pmatrix}=\begin{pmatrix}1&0&-1\\0&-1&1\\0&1&0\end{pmatrix}$。

五、（12分）$(\boldsymbol{B}^{-1}\boldsymbol{AB})^{100}=\boldsymbol{B}^{-1}\boldsymbol{A}^{100}\boldsymbol{B}=\begin{pmatrix}2&-1\\-3&2\end{pmatrix}\begin{pmatrix}1&100\\0&1\end{pmatrix}\begin{pmatrix}2&1\\3&2\end{pmatrix}=\begin{pmatrix}601&400\\-900&-599\end{pmatrix}$。

六、（12分）引入辅助行列式 $D=\begin{vmatrix}1&2&3\\3&-1&2\\2&3&c\end{vmatrix}=\cdots=-7\begin{vmatrix}1&2&3\\0&1&1\\0&0&c-5\end{vmatrix}$。

（1）$\boldsymbol{\alpha}_1,\boldsymbol{\alpha}_2,\boldsymbol{\alpha}_3$ 线性无关$\Leftrightarrow D\neq 0$，$\Rightarrow c\neq 5$。

（2）$\boldsymbol{\alpha}_1,\boldsymbol{\alpha}_2,\boldsymbol{\alpha}_3$ 线性相关$\Leftrightarrow D=0$，$\Rightarrow c=5$ 且 $\boldsymbol{\alpha}_3=\frac{11}{7}\boldsymbol{\alpha}_1+\frac{1}{7}\boldsymbol{\alpha}_2$。

七、（12分）$\boldsymbol{A}=\begin{pmatrix}3&1&-1&-2&2\\1&-5&2&1&-1\\2&6&-3&-3&a+4\\-1&-11&5&4&-4\end{pmatrix}\to\begin{pmatrix}1&-5&2&1&-1\\0&16&-7&-5&5\\0&0&0&0&a+1\\0&0&0&0&0\end{pmatrix}$因此，当 $a=-1$ 时，

方程组有解，其一般解为$\begin{cases}x_1=\frac{3}{16}x_3+\frac{9}{16}x_4+\frac{9}{16}\\x_2=\frac{7}{16}x_3+\frac{5}{16}x_4+\frac{5}{16}\end{cases}$，其中 x_3,x_4 是未知量。

八、（10分）（1）$f(x_1,x_2,x_3)=(x_1x_2x_3)\begin{pmatrix}1&0&-1\\0&3&0\\-1&0&1\end{pmatrix}\begin{pmatrix}x_1\\x_2\\x_3\end{pmatrix}=x_1^2+3x_2^2+x_3^2-2x_1x_3$

$R(f)=R(\boldsymbol{A})$，$\boldsymbol{A}=\begin{pmatrix}1&0&-1\\0&3&0\\-1&0&1\end{pmatrix}\sim\begin{pmatrix}1&0&-1\\0&3&0\\0&0&0\end{pmatrix}$，所以 $R(f)=2$；

（2）$|\boldsymbol{A}-\lambda\boldsymbol{E}|=\begin{vmatrix}1-\lambda&0&-1\\0&3-\lambda&0\\-1&0&1-\lambda\end{vmatrix}=\lambda(\lambda-2)(-\lambda+3)\Rightarrow\lambda=0,2,3$

$$\lambda=0\Rightarrow \boldsymbol{p}_1=\begin{pmatrix}1\\0\\1\end{pmatrix},\ \lambda-2\Rightarrow \boldsymbol{p}_2=\begin{pmatrix}-1\\0\\1\end{pmatrix},\ \lambda=3\Rightarrow \boldsymbol{p}_3=\begin{pmatrix}0\\1\\0\end{pmatrix}$$

因为$(\boldsymbol{p}_1,\boldsymbol{p}_2)=(\boldsymbol{p}_1,\boldsymbol{p}_3)=(\boldsymbol{p}_2,\boldsymbol{p}_3)=0$，所以 $\boldsymbol{p}_1,\boldsymbol{p}_2,\boldsymbol{p}_3$ 两两正交；

(3) 因为 $a_{11}=1>0$，$\begin{vmatrix}1&0\\0&3\end{vmatrix}=3>0$，$\begin{vmatrix}1&0&-1\\0&3&0\\-1&0&1\end{vmatrix}=0$，所以 $\boldsymbol{A}$ 为不定型。

九、(6 分) 必要性，由题设知

$$\boldsymbol{\beta}=k_1\boldsymbol{\alpha}_1+k_2\boldsymbol{\alpha}_2+\cdots+k_3\boldsymbol{\alpha}_r \tag{②}$$

用反证法，设 $\boldsymbol{\alpha}_1,\boldsymbol{\alpha}_2,\cdots,\boldsymbol{\alpha}_r$ 线性相关，那么存在一组不全为零的数 $l_1,l_2,\cdots,l_r$，使

$$l_1\boldsymbol{\alpha}_1+l_2\boldsymbol{\alpha}_2+\cdots+l_r\boldsymbol{\alpha}_r=\boldsymbol{0} \tag{③}$$

将②与③相加，得

$$\boldsymbol{\beta}=(k_1+l_1)\boldsymbol{\alpha}_1+(k_2+l_2)\boldsymbol{\alpha}_2+\cdots+(k_r+l_r)\boldsymbol{\alpha}_r$$

由于 $l_1,l_2,\cdots,l_r$ 不全为零，这样就得到了 $\boldsymbol{\beta}$ 的两种不同的表示法，这与题设矛盾，所以 $\boldsymbol{\alpha}_1,\boldsymbol{\alpha}_2,\cdots,\boldsymbol{\alpha}_r$ 线性无关。

充分性，设 $\boldsymbol{\beta}$ 有两种表示法

$$\boldsymbol{\beta}=k_1\boldsymbol{\alpha}_1+k_2\boldsymbol{\alpha}_2+\cdots+k_r\boldsymbol{\alpha}_r,\ \boldsymbol{\beta}=l_1\boldsymbol{\alpha}_1+l_2\boldsymbol{\alpha}_2+\cdots+l_r\boldsymbol{\alpha}_r$$

两式相减，得

$$(k_1-l_1)\boldsymbol{\alpha}_1+(k_2-l_2)\boldsymbol{\alpha}_2+\cdots+(k_r-l_r)\boldsymbol{\alpha}_r=\boldsymbol{0}$$

由于 $\boldsymbol{\alpha}_1,\boldsymbol{\alpha}_2,\cdots,\boldsymbol{\alpha}_r$ 线性无关，所以 $k_1-l_1=k_2-l_2=\cdots=k_r-l_r=0$，

即 $k_1=l_1$，$k_2=l_2$，…，$k_r=l_r$，唯一性得证。

线性代数测试试题二解答

一、填空

1. (4 分) $\boldsymbol{A}^{-1}\boldsymbol{C}$。2. (4 分) $3\boldsymbol{\alpha}_1-2\boldsymbol{\alpha}_2=(24,-8,-10,-2)$。3. (4 分) $|\boldsymbol{A}|=0$。4. (4 分) m，n。

二、选择

1. (4 分) C。2. (4 分) C。3. (4 分) D。

三、(12 分) $D_n=\begin{cases}0, & \text{当 } n \text{ 为奇数时；}\\ (-1)^{\frac{n}{2}}, & \text{当 } n \text{ 为偶数时。}\end{cases}$

四、(12 分) 由 $\boldsymbol{AB}=\boldsymbol{A}+2\boldsymbol{B}$，可见 $(\boldsymbol{A}-2\boldsymbol{E})\boldsymbol{B}=\boldsymbol{A}$，其中 $\boldsymbol{E}$ 是三阶单位矩阵，因此

$$\boldsymbol{B}=(\boldsymbol{A}-2\boldsymbol{E})^{-1}\boldsymbol{A}$$

矩阵 $(\boldsymbol{A}-2\boldsymbol{E})=\begin{pmatrix}2&2&3\\1&-1&0\\-1&2&1\end{pmatrix}$，其逆阵

$$(\boldsymbol{A}-2\boldsymbol{E})^{-1}=\begin{pmatrix}1&-4&-3\\1&-5&-3\\-1&6&4\end{pmatrix} \tag{④}$$

因此，由④式得

$$B=(A-2E)^{-1}A=\begin{pmatrix}1&-4&-3\\1&-5&-3\\-1&6&4\end{pmatrix}\begin{pmatrix}4&2&3\\1&1&0\\-1&2&3\end{pmatrix}=\begin{pmatrix}3&-8&-6\\2&-9&-6\\-2&12&9\end{pmatrix}$$

五、（10分）（1）$D=\begin{vmatrix}1&1&1\\1&2&3\\1&3&k\end{vmatrix}=k-5$，令 $D=0$ 可得 $k=5$；

（2）引入 k_1,k_2,k_3 令

$$k_1\boldsymbol{\alpha}_1+k_2\boldsymbol{\alpha}_2+k_3\boldsymbol{\alpha}_3=0\Rightarrow\begin{cases}k_1+\ k_2+\ k_3=0\\k_1+2k_2+3k_3=0\\k_1+3k_2+5k_3=0\end{cases}\Rightarrow k_1=k_3=1,\ k_2=-2\Rightarrow\boldsymbol{\alpha}_1-2\boldsymbol{\alpha}_2+\boldsymbol{\alpha}_3=0。$$

六、（14分）$a=0$，$b=2$，$\eta=k_1\begin{pmatrix}1\\-2\\1\\0\end{pmatrix}+k_2\begin{pmatrix}1\\-2\\0\\1\end{pmatrix}+\begin{pmatrix}-2\\3\\0\\0\end{pmatrix}$（$k_1,k_2$ 为任意常数）。

七、（14分）（1）f 的矩阵表达式为

$$f(x_1,x_2,x_3)=(x_1,x_2,x_3)\begin{pmatrix}0&2&-2\\2&4&4\\-2&4&-3\end{pmatrix}\begin{pmatrix}x_1\\x_2\\x_3\end{pmatrix}=\boldsymbol{X}'\boldsymbol{A}\boldsymbol{X}。$$

（2）二次型 f 的矩阵为 $\boldsymbol{A}=\begin{pmatrix}0&2&-2\\2&4&4\\-2&4&-3\end{pmatrix}$，$\boldsymbol{A}$ 的特征方程为

$$|\lambda\boldsymbol{E}-\boldsymbol{A}|=\begin{pmatrix}\lambda&-2&2\\-2&\lambda-4&-4\\2&-4&\lambda+3\end{pmatrix}=(\lambda-1)(\lambda^2-36)=0$$

其特征值为 $\lambda_1=1$，$\lambda_2=6$，$\lambda_3=-6$，因此，二次型的标准形为

$$f=y_1^2+6y_2^2-6y_3^2 \qquad ⑤$$

以下求出对应于每一特征值的特征向量：

① 对应于 $\lambda_1=1$，有 $(\lambda_1\boldsymbol{E}-\boldsymbol{A})\boldsymbol{X}=0$，而 $\lambda_1\boldsymbol{E}-\boldsymbol{A}=\boldsymbol{E}-\boldsymbol{A}=\begin{pmatrix}1&-2&2\\-2&-3&-4\\2&-4&4\end{pmatrix}\to$ $\begin{pmatrix}1&0&2\\0&1&0\\0&0&0\end{pmatrix}$，同解方程组为 $\begin{cases}x_1=-2x_3,\\x_2=0,\end{cases}$ 对应的特征向量为 $\boldsymbol{\alpha}_1=\begin{pmatrix}2\\0\\-1\end{pmatrix}$；仿上求得：

② 对应于 $\lambda_2=6$ 的特征向量 $\boldsymbol{\alpha}_2=\begin{pmatrix}1\\5\\2\end{pmatrix}$；

③ 对应于 $\lambda_3=-6$ 的特征向量 $\boldsymbol{\alpha}_3=\begin{pmatrix}1\\-1\\2\end{pmatrix}$。

由于$\boldsymbol{A}$为实对称矩阵，且$\boldsymbol{\alpha}_1,\boldsymbol{\alpha}_2,\boldsymbol{\alpha}_3$分别属于不同的特征值，故其为正交向量组，将其单位化可得正交矩阵$\boldsymbol{P}=(p_1,p_2,p_3)=\begin{pmatrix}\frac{2}{\sqrt{5}} & \frac{1}{\sqrt{30}} & \frac{1}{\sqrt{6}}\\ 0 & \frac{5}{\sqrt{30}} & \frac{-1}{\sqrt{6}}\\ \frac{-1}{\sqrt{5}} & \frac{2}{\sqrt{30}} & \frac{2}{\sqrt{6}}\end{pmatrix}$对二次型$f$作正交变换$\begin{pmatrix}x_1\\x_2\\x_3\end{pmatrix}=\boldsymbol{P}\begin{pmatrix}y_1\\y_2\\y_3\end{pmatrix}$，则可将$f$化为标准形⑤式。

八、(10分) 因为$\boldsymbol{AP}_1=\lambda_1\boldsymbol{P}_1$，$(\boldsymbol{AP}_1)'=(\lambda\boldsymbol{P}_1)'=\lambda\boldsymbol{P}_1'=\boldsymbol{P}_1'\boldsymbol{A}$，$\boldsymbol{AP}_2=\lambda\boldsymbol{P}_2$。

所以$\lambda\boldsymbol{P}_1'\boldsymbol{P}_2=\boldsymbol{P}_1'\boldsymbol{A}'\boldsymbol{P}_2=\boldsymbol{P}_1'\boldsymbol{AP}_2=\boldsymbol{P}_1'\lambda_2\boldsymbol{P}_2$，$\boldsymbol{P}_1'\boldsymbol{P}_2(\lambda_1-\lambda_2)=\boldsymbol{0}$，

因为$\lambda_1\neq\lambda_2$，所以$\boldsymbol{P}_1'\boldsymbol{P}_2=\boldsymbol{0}$，$\boldsymbol{P}_1$与$\boldsymbol{P}_2$正交。

线性代数测试试题三解答

一、填空

1. (4分) -3。2. (4分) $\leqslant$。3. (4分) $k\ (1,1,\cdots,1)'$。4. (4分) $n=\boldsymbol{r}$；$n>\boldsymbol{r}$。

二、选择

1. (4分) B。2. (4分) A。3. (4分) A。

三、(10分) $(-1)^{n-1}m^{n-1}\left(\sum_{i=1}^{n}x_i-m\right)$。

四、(10分)用初等行变换求$\boldsymbol{A}^{-1}$

$$(\boldsymbol{A}\ \vdots\ \boldsymbol{E})=\begin{pmatrix}1&2&0&1&0&0\\0&1&0&0&1&0\\0&1&3&0&0&1\end{pmatrix}\to\cdots\to\begin{pmatrix}1&0&0&1&-2&0\\0&1&0&0&1&0\\0&0&1&0&-\frac{1}{3}&\frac{1}{3}\end{pmatrix}，所以\boldsymbol{A}^{-1}=\begin{pmatrix}1&-2&0\\0&1&0\\0&-\frac{1}{3}&\frac{1}{3}\end{pmatrix}$$

$$所以\boldsymbol{X}=\boldsymbol{A}^{-1}(3\boldsymbol{C}-\boldsymbol{B})=\begin{pmatrix}1&-2&0\\0&1&0\\0&-\frac{1}{3}&\frac{1}{3}\end{pmatrix}\begin{pmatrix}2&-1\\2&3\\3&-2\end{pmatrix}=\begin{pmatrix}-2&-7\\2&3\\\frac{1}{3}&-\frac{5}{3}\end{pmatrix}$$

$$五、(10分)\begin{pmatrix}1&2&1&3\\4&-1&-5&-6\\1&-3&-4&-7\\2&1&1&0\end{pmatrix}\sim\begin{pmatrix}1&2&1&3\\0&-9&-9&-18\\0&-5&-5&-10\\0&-3&-3&-9\end{pmatrix}\sim\begin{pmatrix}1&2&1&3\\0&1&1&2\\0&0&0&0\\0&0&0&0\end{pmatrix}$$

所以向量组$\boldsymbol{\alpha}_1,\boldsymbol{\alpha}_2,\boldsymbol{\alpha}_3,\boldsymbol{\alpha}_4$的秩为2，$\boldsymbol{\alpha}_1,\boldsymbol{\alpha}_2$为最大线性无关组。

六、(8分) 因为$|\boldsymbol{A}+\boldsymbol{E}|=|\boldsymbol{A}+\boldsymbol{AA}|=|\boldsymbol{A}(\boldsymbol{E}+\boldsymbol{A}')|=|\boldsymbol{A}|\cdot|(\boldsymbol{E}+\boldsymbol{A})'|=|\boldsymbol{A}||\boldsymbol{E}+\boldsymbol{A}|=|\boldsymbol{A}|\cdot|\boldsymbol{A}+\boldsymbol{E}|$。

故$(1-|\boldsymbol{A}|)|\boldsymbol{A}+\boldsymbol{E}|=0$，由于$|\boldsymbol{A}|<0$，故$1-|\boldsymbol{A}|>0$；因此$|\boldsymbol{A}+\boldsymbol{E}|=0$。

七、（6 分）$A\sim\begin{pmatrix}1&-1&0&0\\0&0&1&0\\0&0&0&1\\0&0&0&0\end{pmatrix}$，令 $x_2=1$ 得 $\begin{pmatrix}x_1\\x_2\\x_3\\x_4\end{pmatrix}=k_1\begin{pmatrix}1\\1\\0\\0\end{pmatrix}$。

八、（10 分）$B=(A\,\vdots\,b)=\left(\begin{array}{cccc:c}1&5&-1&-1&-1\\1&-2&1&3&3\\3&8&-1&1&1\\1&-9&3&7&7\end{array}\right)\to\begin{pmatrix}1&0&\frac{3}{7}&\frac{13}{7}&\frac{13}{7}\\0&1&-\frac{2}{7}&-\frac{4}{7}&-\frac{4}{7}\\0&0&0&0&0\\0&0&0&0&0\end{pmatrix}$

所以同解方程组：$\begin{cases}x_1=\frac{13}{7}-\frac{3}{7}x_3-\frac{13}{7}x_4,\\x_2=-\frac{4}{7}+\frac{2}{7}x_3+\frac{4}{7}x_4。\end{cases}$ 所以通解为：

$$X=\begin{pmatrix}\frac{13}{7}\\-\frac{4}{7}\\0\\0\end{pmatrix}+c_1\begin{pmatrix}-\frac{3}{7}\\\frac{2}{7}\\1\\0\end{pmatrix}+c_2\begin{pmatrix}\frac{13}{7}\\\frac{4}{7}\\0\\1\end{pmatrix}\quad(c_1,\ c_2\in\mathbf{R})$$

九、（10 分）特征方程 $|\lambda E-A|=(\lambda-6)^2(\lambda+2)$。

$\lambda=6$ 时，解方程组 $\begin{cases}4x_1-4x_3=0\\-4x_1+4x_3=0\end{cases}$ 得 $\eta_1=\begin{pmatrix}1\\1\\1\end{pmatrix}$，$\eta_2=\begin{pmatrix}-1\\2\\-1\end{pmatrix}$，单位化后，$\xi_1=\frac{1}{\sqrt{3}}\begin{pmatrix}1\\1\\1\end{pmatrix}$，$\xi_2=\frac{1}{\sqrt{6}}\begin{pmatrix}-1\\2\\-1\end{pmatrix}$，$\lambda=-2$ 时，解方程组 $\begin{cases}-4x_1-4x_3=0\\-8x_2=0\\-4x_1-4x_3=0\end{cases}$ 得 $\eta_3=\begin{pmatrix}1\\0\\-1\end{pmatrix}$，单位化后，$\xi_3=\frac{1}{\sqrt{2}}\begin{pmatrix}1\\0\\-1\end{pmatrix}$，取 $P^{-1}=\begin{pmatrix}\frac{1}{\sqrt{3}}&-\frac{1}{\sqrt{6}}&\frac{1}{\sqrt{2}}\\\frac{1}{\sqrt{3}}&\frac{2}{\sqrt{6}}&0\\\frac{1}{\sqrt{3}}&-\frac{1}{\sqrt{6}}&\frac{1}{\sqrt{2}}\end{pmatrix}$，则 $P^{-1}AP=\begin{pmatrix}6&&\\&6&\\&&2\end{pmatrix}$。

十、（8 分）由于 $\alpha_1,\alpha_2,\alpha_3$ 都是 $AX=0$ 的解，故两两之和 $\alpha_1+\alpha_2$，$\alpha_2+\alpha_3$，$\alpha_3+\alpha_1$ 也都是 $AX=0$ 的解，再者，如存在数 k_1,k_2,k_3，使 $k_1(\alpha_1+\alpha_2)+k_2(\alpha_2+\alpha_3)+k_3(\alpha_3+\alpha_1)=0$，则有

$$(k_1+k_3)\alpha_1+(k_1+k_2)\alpha_2+(k_2+k_3)\alpha_2=0$$

由于 α_1，α_2，α_3 线性无关，故得 $\begin{cases}k_1+k_3=0\\k_1+k_2=0\\k_2+k_3=0\end{cases}$，其系数行列式 $\begin{vmatrix}1&0&1\\1&1&0\\0&1&1\end{vmatrix}=2\neq0$。

故有唯一解 $k_1=k_2=k_3=0$，从而 $\alpha_1+\alpha_2$，$\alpha_2+\alpha_3$，$\alpha_3+\alpha_1$ 线性无关。

由题设，$AX=0$ 的基础解系含有三个向量，故 $\boldsymbol{\alpha}_1+\boldsymbol{\alpha}_2$，$\boldsymbol{\alpha}_2+\boldsymbol{\alpha}_3$，$\boldsymbol{\alpha}_3+\boldsymbol{\alpha}_1$，也是 $AX=0$ 的基础解系。

线性代数测试试题四解答

一、填空

1.（4分）$-2^{2n-1}/3$。2.（4分）3。3.（4分）系数矩阵的秩等于增广矩阵的秩。

二、选择

1.（4分）C。2.（4分）C。3.（4分）B。

三、（10分）原式$=adf\begin{vmatrix} -b & c & e \\ b & -c & e \\ b & c & -e \end{vmatrix}=abcdef\begin{vmatrix} -1 & 1 & 1 \\ 1 & -1 & 1 \\ 1 & 1 & -1 \end{vmatrix}=4abcdef$。

四、（13分）$\begin{pmatrix} -3 & -2 & 0 & 1 \\ 8 & 4 & -1 & -2 \\ -2 & -1 & 1 & 0 \\ -2 & -1 & -1 & 1 \end{pmatrix}$。

五、（8分）设 $\boldsymbol{A}=(\boldsymbol{\alpha}_1,\boldsymbol{\alpha}_2,\cdots,\boldsymbol{\alpha}_n)$，其中 $\boldsymbol{\alpha}_1,\boldsymbol{\alpha}_2,\cdots,\boldsymbol{\alpha}_n$ 为 m 维列向量。又设存在常数 $k_1,k_2,\cdots,k_n$，使

$$\boldsymbol{0}=k_1\boldsymbol{\alpha}_1+k_2\boldsymbol{\alpha}_2+\cdots+k_n\boldsymbol{\alpha}_n=(\boldsymbol{\alpha}_1\boldsymbol{\alpha}_2\cdots\boldsymbol{\alpha}_n)\begin{pmatrix} k_1 \\ k_2 \\ \vdots \\ k_n \end{pmatrix}，\text{即 } \boldsymbol{A}\begin{pmatrix} k_1 \\ k_2 \\ \vdots \\ k_n \end{pmatrix}=\boldsymbol{0}$$

此时，由 $\boldsymbol{BA}=\boldsymbol{E}$，故将其左乘以 $\boldsymbol{B}$，得 $\boldsymbol{BA}\begin{pmatrix} k_1 \\ k_2 \\ \vdots \\ k_n \end{pmatrix}=\begin{pmatrix} k_1 \\ k_2 \\ \vdots \\ k_n \end{pmatrix}=\boldsymbol{0}$，即 $k_1=k_2=\cdots=k_n=0$。因此矩阵 $\boldsymbol{A}$ 的列向量组线性无关。

六、（10分）$\begin{pmatrix} 1 & 1 & 1 & -1 \\ 1 & 1 & -1 & -1 \\ 1 & -1 & -1 & 1 \\ -1 & -1 & -1 & 1 \end{pmatrix}\to\begin{pmatrix} 1 & 1 & 1 & -1 \\ 0 & 0 & -2 & 0 \\ 0 & -2 & -2 & 2 \\ 0 & 0 & 0 & 0 \end{pmatrix}$，

所以向量组 $\boldsymbol{\alpha}_1,\boldsymbol{\alpha}_2,\boldsymbol{\alpha}_3,\boldsymbol{\alpha}_4$ 的秩为3，$\boldsymbol{\alpha}_1,\boldsymbol{\alpha}_2,\boldsymbol{\alpha}_3$ 为其一个最大线性无关组。

七、（14分）对方程组的增广矩阵作初等变换

$$\boldsymbol{B}=[\boldsymbol{A}\,\vdots\,\boldsymbol{b}]=\begin{pmatrix} 1 & 1 & k & 4 \\ -1 & k & 1 & k^2 \\ 1 & -1 & 2 & -4 \end{pmatrix}\to\begin{pmatrix} 1 & 1 & k & 4 \\ 0 & k+1 & k+1 & k^2+4 \\ 0 & -2 & 2-k & -8 \end{pmatrix}\to\begin{pmatrix} 1 & 1 & k & 4 \\ 0 & 2 & k-2 & 8 \\ 0 & 0 & \dfrac{(k+1)(4-k)}{2} & k(k-4) \end{pmatrix}$$

⑥

讨论：

① 当 $k\neq-1$ 和 4 时，有 $R(A)=R(B)=3$，故方程组①有唯一解，按如下方法求出

$$B \to \begin{pmatrix} 1 & 1 & k & 4 \\ 0 & 1 & \frac{k-2}{2} & 4 \\ 0 & 0 & 1 & \frac{-2k}{1+k} \end{pmatrix} \to \begin{pmatrix} 1 & 0 & 0 & \frac{k^2+2k}{1+k} \\ 0 & 1 & 0 & \frac{k^2+2k+4}{1+k} \\ 0 & 0 & 1 & \frac{-2k}{2+k} \end{pmatrix}, \ x_1=\frac{k^2+2k}{k+1}, \ x_2=\frac{k^2+2k+4}{k+1}, \ x_3=\frac{-2k}{k+1}$$

② 当 $k=-1$ 时，$R(\boldsymbol{A})=2\neq R(\boldsymbol{B})=3$，方程组无解。

③ 当 $k=4$ 时，由⑥式，有

$$\boldsymbol{B} \to \begin{pmatrix} 1 & 1 & 4 & 4 \\ 0 & 2 & 2 & 8 \\ 0 & 0 & 0 & 0 \end{pmatrix} \to \begin{pmatrix} 1 & 0 & 3 & 0 \\ 0 & 1 & 1 & 4 \\ 0 & 0 & 0 & 0 \end{pmatrix}$$

知 $R(\boldsymbol{A})=R(\boldsymbol{B})=2<3$（未知量个数），故方程组①有无穷多组解，此时，得同解方程组 $\begin{cases} x_1=-3x_3 \\ x_2=-x_3+4 \end{cases}$，令 $x_3=C$（任意常数），得方程组①的全部解为 $x\begin{pmatrix} -3C \\ 4-C \\ C \end{pmatrix}=\begin{pmatrix} 0 \\ 4 \\ 0 \end{pmatrix}+C\begin{pmatrix} -3 \\ -1 \\ 1 \end{pmatrix}$，其中 C 为任意常数。

八、(12 分) $\boldsymbol{A}=\begin{pmatrix} 2 & 1 & 0 \\ 1 & 2 & 0 \\ 0 & 0 & 3 \end{pmatrix}$，$|\boldsymbol{A}-\lambda\boldsymbol{E}|=\begin{vmatrix} 2-\lambda & 1 & 0 \\ 1 & 2-\lambda & 0 \\ 0 & 0 & 3-\lambda \end{vmatrix}=(1-\lambda)(3-\lambda)^2$

对于 $\lambda=1$，得单位特征向量：$\boldsymbol{p}_1=\frac{1}{\sqrt{2}}(1,-1,0)'$；

对于 $\lambda=3$，得单位正交向量：$\boldsymbol{p}_2=\frac{1}{\sqrt{2}}(1,1,0)'$，$\boldsymbol{p}_3=(0,0,1)'$。

取正交变换 $\boldsymbol{X}=\boldsymbol{PY}=\begin{pmatrix} \frac{1}{\sqrt{2}} & \frac{1}{\sqrt{2}} & 0 \\ -\frac{1}{\sqrt{2}} & \frac{1}{\sqrt{2}} & 0 \\ 0 & 0 & 1 \end{pmatrix}\begin{pmatrix} y_1 \\ y_2 \\ y_3 \end{pmatrix}$。则 $f=y_1^2+3y_2^2+3y_3^2$。

九、(9 分) $\boldsymbol{\alpha}_1'=\frac{1}{3}(2,2,-1)$，$\boldsymbol{\alpha}_2'=\frac{1}{3}(2,-1,2)$，$\boldsymbol{\alpha}_3'=\frac{1}{3}(1,-2,-2)$，显然 $|\boldsymbol{\alpha}_1|=|\boldsymbol{\alpha}_2|=|\boldsymbol{\alpha}_3|=1$，又 $\boldsymbol{\alpha}_1'\cdot\boldsymbol{\alpha}_2=\boldsymbol{\alpha}_1'\cdot\boldsymbol{\alpha}_3=\boldsymbol{\alpha}_2'\cdot\boldsymbol{\alpha}_3=0$，故 $\boldsymbol{\alpha}_1,\boldsymbol{\alpha}_2,\boldsymbol{\alpha}_3$ 便是 $\boldsymbol{R}^3$ 的正交规范基。

线性代数测试试题五解答

一、填空

1. (3 分) 0。2. (4 分) 相关。3. (4 分) A。4. (4 分) $\boldsymbol{\alpha}_1+\boldsymbol{\alpha}_2+\boldsymbol{\alpha}_3+\boldsymbol{\alpha}_4=0$。

二、选择

1. (4 分) B。2. (4 分) B。3. (4 分) A。

三、(8 分) 解法一：$\begin{vmatrix}1&1&2&3\\1&2-x^2&2&3\\2&3&1&5\\2&3&1&9-x^2\end{vmatrix}=\cdots=-3(4-x^2)(1-x^2)=0\Rightarrow\begin{cases}x_1=2\\x_2=-2\\x_3=1\\x_4=-1\end{cases}$；

解法二：由行列式所知 $2-x^2=1$ 或 $9-x^2=5\Rightarrow$结果同上。

四、(9 分) 设 $\boldsymbol{B}=\begin{pmatrix}a&a_1&a_2\\b&b_1&b_2\\c&c_1&c_2\end{pmatrix}$，使 $\boldsymbol{AB}=\boldsymbol{BA}$，即 $\begin{pmatrix}0&0&0\\a&a_1&a_2\\b&b_1&b_2\end{pmatrix}=\begin{pmatrix}a_1&a_2&0\\b_1&b_2&0\\c_1&c_2&0\end{pmatrix}$，

得 $\begin{cases}a_1=a_2=b_2=0\\b_1=c_2=a\\c_1=b\end{cases}$，所以 $\boldsymbol{B}=\begin{pmatrix}a&0&0\\b&a&0\\c&b&a\end{pmatrix}$，其中 a,b,c 是任意数。

五、(9 分) 由 $\lambda_1(\boldsymbol{\alpha}_2-\boldsymbol{\alpha}_1)+\lambda_2(k\boldsymbol{\alpha}_3-\boldsymbol{\alpha}_2)+\lambda_3(\boldsymbol{\alpha}_1-\boldsymbol{\alpha}_3)=0$，即

$$(\lambda_3-\lambda_1)\boldsymbol{\alpha}_1+(\lambda_1-\lambda_2)\boldsymbol{\alpha}_2+(k\lambda_2-\lambda_3)\boldsymbol{\alpha}_3=0$$

由于 $\boldsymbol{\alpha}_1,\boldsymbol{\alpha}_2,\boldsymbol{\alpha}_3$ 线性无关则有 $\begin{cases}-\lambda_1+\lambda_3=0\\\lambda_1-\lambda_2=0\\k\lambda_2-\lambda_3=0\end{cases}$，由于

$$\begin{vmatrix}-1&0&1\\1&-1&0\\0&k&-1\end{vmatrix}=-1+k$$

当 $k\neq1$ 时方程组有唯一零解，即 $\boldsymbol{\alpha}_2-\boldsymbol{\alpha}_1$，$k\boldsymbol{\alpha}_3-\boldsymbol{\alpha}_2$，$\boldsymbol{\alpha}_1-\boldsymbol{\alpha}_3$ 线性无关。

六、(13 分) 先求出 $\boldsymbol{P}^{-1}=\begin{pmatrix}1&0&0\\2&-1&0\\-4&1&1\end{pmatrix}$；由 $\boldsymbol{AP}=\boldsymbol{PB}$，得

$$\boldsymbol{A}=\boldsymbol{PBP}^{-1}=\begin{pmatrix}1&0&0\\2&-1&0\\2&1&1\end{pmatrix}\begin{pmatrix}1&0&0\\0&0&0\\0&0&-1\end{pmatrix}\begin{pmatrix}1&0&0\\2&-1&0\\-4&1&1\end{pmatrix}$$

$$=\begin{pmatrix}1&0&0\\2&0&0\\2&0&-1\end{pmatrix}\begin{pmatrix}1&0&0\\2&-1&0\\-4&1&1\end{pmatrix}=\begin{pmatrix}1&0&0\\2&0&0\\6&-1&-1\end{pmatrix}$$

七、(7 分) 设矩阵为 $\boldsymbol{A}$，易知 $|\boldsymbol{A}|=2$，所以 $\boldsymbol{A}$ 的秩为 4。显然有 $\boldsymbol{A}^5=\boldsymbol{A}$。

八、(10 分) 经对增广矩阵作初等变换可知，当 $k=0$ 时方程组有解——无穷多解

$$\begin{cases}x_1=\dfrac{1}{3}x_3-\dfrac{1}{3}x_4-\dfrac{4}{3}\\x_2=\dfrac{5}{3}x_3+\dfrac{4}{3}x_4-\dfrac{1}{3}\end{cases},\ x=\begin{pmatrix}x_1\\x_2\\x_3\\x_4\end{pmatrix}=k_1\begin{pmatrix}\frac{1}{3}\\\frac{5}{3}\\1\\0\end{pmatrix}+k_2\begin{pmatrix}-\frac{1}{3}\\\frac{4}{3}\\0\\1\end{pmatrix}+\begin{pmatrix}\frac{4}{3}\\-\frac{1}{3}\\0\\0\end{pmatrix},\quad k_1,k_2\in\mathbf{R}$$

九、(10 分) $\lambda_1=\lambda_2=-1$，$\lambda_3=2$；$\boldsymbol{p}_1=\begin{pmatrix}-1\\1\\0\end{pmatrix}$，$\boldsymbol{p}_2=\begin{pmatrix}-1\\0\\1\end{pmatrix}$，$\boldsymbol{p}_3=\begin{pmatrix}1\\1\\1\end{pmatrix}$

因为 $\begin{vmatrix} -1 & -1 & 1 \\ 1 & 0 & 1 \\ 0 & 1 & 1 \end{vmatrix}=3\neq 0$，所以 $\boldsymbol{p}_1,\boldsymbol{p}_2,\boldsymbol{p}_3$ 线性无关，$\boldsymbol{p}_1,\boldsymbol{p}_2$ 不正交，$\boldsymbol{p}_1,\boldsymbol{p}_3$ 正交 $\boldsymbol{p}_2,\boldsymbol{p}_3$ 正交。

十、(7 分) 因为 $\boldsymbol{A}$ 与 $\boldsymbol{B}$ 相似则存在可逆阵 $\boldsymbol{P}$，使 $\boldsymbol{A}=\boldsymbol{P}^{-1}\boldsymbol{B}\boldsymbol{P}$，所以 $\boldsymbol{A}^2=\boldsymbol{P}^{-1}\boldsymbol{B}\boldsymbol{P}\cdot\boldsymbol{P}^{-1}\boldsymbol{B}\boldsymbol{P}=\boldsymbol{P}^{-1}\boldsymbol{B}^2\boldsymbol{P}\Rightarrow\boldsymbol{A}^k=\boldsymbol{P}^{-1}\boldsymbol{B}^k\boldsymbol{P}$（$k$ 为自然数），所以 $\boldsymbol{A}^k$ 与 $\boldsymbol{B}^k$ 相似。

线性代数测试试题六解答

一、填空

1.（4 分）$\begin{pmatrix} 0 & 4 & -3 \\ 17 & 8 & 10 \end{pmatrix}$。2.（4 分）存在不全为零的数 $\lambda_1,\cdots,\lambda_s$ 使得 $\lambda_1\boldsymbol{\alpha}_1+\cdots+\lambda_s\boldsymbol{\alpha}_s=0$。3.（4 分）对角阵。4.（4 分）$r=s$，$r=s=n$，$r=s<n$。

二、选择

1.（4 分）C。2.（4 分）A。3.（4 分）B。

三、(12 分) 把行列式记为 D，各列都加到第 1 列上去，再从第 1 列中提出 $\dfrac{n(n+1)}{2}$，然后再依次把第 n 行减第 $n-1$ 行，第 $n-1$ 行减第 $n-2$ 行，…，第 2 行减第 1 行，得

$$D=\frac{n(n+1)}{2}\begin{vmatrix} 1 & 2 & 3 & \cdots & n \\ 1 & 3 & 4 & \cdots & 1 \\ 1 & 4 & 5 & \cdots & 2 \\ \cdots & \cdots & \cdots & \cdots & \cdots \\ 1 & n & 1 & \cdots & n-2 \\ 1 & 1 & 2 & \cdots & n-1 \end{vmatrix}=\frac{n(n+1)}{2}\begin{vmatrix} 1 & 2 & 3 & \cdots & n \\ 0 & 1 & 1 & \cdots & 1-n \\ \cdots & \cdots & \cdots & \cdots & \cdots \\ 0 & 1 & 1-n & \cdots & 1 \\ 1 & 1-n & 1 & \cdots & 1 \end{vmatrix}$$

$$=(-1)^{\frac{n(n+1)}{2}}\frac{1}{2}(n^n+n^{n-1})$$

四、(10 分) $\boldsymbol{A}^2=\begin{pmatrix} \cos2\theta & -\sin2\theta \\ \sin2\theta & \cos2\theta \end{pmatrix}$　设 $\boldsymbol{A}^k=\begin{pmatrix} \cos k\theta & -\sin k\theta \\ \sin k\theta & \cos\theta \end{pmatrix}$

证得 $\boldsymbol{A}^{k+1}=\boldsymbol{A}^k\boldsymbol{A}=\begin{pmatrix} \cos(k+1)\theta & -\sin(k+1)\theta \\ \sin(k+1)\theta & \cos(k+1)\theta \end{pmatrix}$

五、(14 分) $(\boldsymbol{A}\ \vdots\ \boldsymbol{E})=\left(\begin{array}{ccc:ccc} 2 & 3 & 1 & 1 & 0 & 0 \\ 0 & 1 & 3 & 0 & 1 & 0 \\ 1 & 2 & 5 & 0 & 0 & 1 \end{array}\right)\rightarrow\cdots\rightarrow\left(\begin{array}{ccc:ccc} 1 & 0 & 0 & -\frac{1}{6} & \frac{-13}{6} & \frac{4}{3} \\ 0 & 1 & 0 & \frac{1}{2} & \frac{3}{2} & -1 \\ 0 & 0 & 1 & -\frac{1}{6} & -\frac{1}{6} & \frac{1}{3} \end{array}\right)$

所以 $\boldsymbol{A}^{-1}=\begin{pmatrix} \frac{1}{6} & -\frac{13}{6} & \frac{4}{3} \\ \frac{1}{2} & \frac{3}{2} & -1 \\ -\frac{1}{6} & -\frac{1}{6} & \frac{1}{3} \end{pmatrix}$

六、(14 分) 对方程组的增广矩阵 $\overline{\boldsymbol{A}}$ 进行初等行变换，化为阶梯形矩阵。

$$\overline{\boldsymbol{A}}=\begin{pmatrix}1&1&1&1&-7\\1&0&3&-1&8\\1&2&-1&1&2a+2\\3&3&3&2&-11\\2&2&2&1&2a\end{pmatrix}\to\begin{pmatrix}1&1&1&1&-7\\0&-1&2&-2&15\\0&1&-2&0&2a+9\\0&0&0&-1&10\\0&0&0&-1&2a+14\end{pmatrix}$$

$$\to\begin{pmatrix}1&1&1&1&-7\\0&1&-2&2&-15\\0&0&0&1&-10\\0&0&0&0&2a+4\\0&0&0&0&0\end{pmatrix}\to\begin{pmatrix}1&0&3&0&-2\\0&1&-2&0&5\\0&0&0&1&-10\\0&0&0&0&a+2\\0&0&0&0&0\end{pmatrix}$$

所以，当 $a=-2$ 时，原方程组有解，一般解为$\begin{cases}x_1=-3x_3-2\\x_2=2x_3+5\\x_4=-10\end{cases}$，其中 x_3 为自由未知量。

七、(12 分)$\boldsymbol{A}=\begin{pmatrix}2&0&0\\0&3&a\\0&a&3\end{pmatrix}$，且知 $\lambda_1=1$，$\lambda_2=2$，$\lambda_3=5$。

又特征方程为 $|\lambda\boldsymbol{E}-\boldsymbol{A}|=(\lambda-2)\lambda^2-6\lambda+9-a^2=0$，将 $\lambda_1=1$（或 $\lambda=5$）代入此方程，得 $a^2-4=0$。

即 $a=\pm2$，由题设 $a>0$，取 $a=2$，故有

$$\boldsymbol{A}=\begin{pmatrix}2&0&0\\0&3&2\\0&2&3\end{pmatrix}$$

解$(\lambda_1\boldsymbol{E}-\boldsymbol{A})\boldsymbol{X}=\boldsymbol{0}$，$(\lambda_2\boldsymbol{E}-\boldsymbol{A})\boldsymbol{X}=\boldsymbol{0}$ 及$(\lambda_3\boldsymbol{E}-\boldsymbol{A})\boldsymbol{X}=\boldsymbol{0}$，分别得到属于 $\lambda_1,\lambda_2,\lambda_3$ 的特征向量为 $\boldsymbol{\alpha}_1=\begin{pmatrix}0\\1\\-1\end{pmatrix}$，$\boldsymbol{\alpha}_2=\begin{pmatrix}1\\0\\0\end{pmatrix}$，$\boldsymbol{\alpha}_3=\begin{pmatrix}0\\1\\1\end{pmatrix}$；正交化，规范化

$$\boldsymbol{\eta}_1=\begin{pmatrix}0\\\frac{1}{\sqrt{2}}\\\frac{-1}{\sqrt{2}}\end{pmatrix},\ \boldsymbol{\eta}_2=\begin{pmatrix}1\\0\\0\end{pmatrix},\ \boldsymbol{\eta}_3=\begin{pmatrix}0\\\frac{1}{\sqrt{2}}\\\frac{1}{\sqrt{2}}\end{pmatrix}$$

故 $\boldsymbol{P}=\begin{pmatrix}0&1&0\\\frac{1}{\sqrt{2}}&0&\frac{1}{\sqrt{2}}\\-\frac{1}{\sqrt{2}}&0&\frac{1}{\sqrt{2}}\end{pmatrix}$。

八、(10 分) 因为 $\boldsymbol{A\alpha}_1=\lambda_0\boldsymbol{\alpha}_1$，$\boldsymbol{A\alpha}_2=\lambda_0\boldsymbol{\alpha}_2$，…，$\boldsymbol{A\alpha}_s=\lambda_0\boldsymbol{\alpha}_s$

$\boldsymbol{A}(k_1\boldsymbol{\alpha}_1+k_2\boldsymbol{\alpha}_2+\cdots+k_s\boldsymbol{\alpha}_s)=k_1\lambda_0\boldsymbol{\alpha}_1+k_2\lambda_2\boldsymbol{\alpha}_2\cdots+k_s\lambda_0\boldsymbol{\alpha}_s=\lambda_0(k_1\boldsymbol{\alpha}_1+k_2\boldsymbol{\alpha}_2+\cdots+k_s\boldsymbol{\alpha}_s)$

所以 $k_1\boldsymbol{\alpha}_1+k_2\boldsymbol{\alpha}_2+\cdots+k_s\boldsymbol{\alpha}_s$($k_1,k_2,\cdots,k_s$ 不全为零)也是 $\boldsymbol{A}$ 的属于 λ_0 的特征向量。

附录二　线性代数期末考试全真试题及详解

线性代数期末考试全真试题一

一、填空题(每题 3 分，共 15 分)

1. 设 3 阶矩阵 $\boldsymbol{A}=\begin{pmatrix}1&1&1\\0&1&2\\2&3&4\end{pmatrix}$，$\boldsymbol{B}=\begin{pmatrix}1&2&3\\0&2&5\\0&0&6\end{pmatrix}$，则 $|\boldsymbol{AB}|=$__________。

2. 设三阶矩阵 $\boldsymbol{A}$ 的特征值为 1，-1，3，再设 $\boldsymbol{B}=\boldsymbol{A}^3-5\boldsymbol{A}^2$，则 $|\boldsymbol{B}|=$__________。

3. 设 n 阶矩阵 $\boldsymbol{A}$ 的各行元素之和等于零，且 $\boldsymbol{A}$ 的秩为 $n-1$，则齐次线性方程组 $\boldsymbol{AX}=\boldsymbol{0}$ 的通解为__________。

4. 设向量 $\boldsymbol{\alpha}=\left(2,\dfrac{1}{k},-1,0\right)^{\mathrm{T}}$，$\boldsymbol{\beta}=(0,1,k,-1)^{\mathrm{T}}$ 为属于实对称矩阵 $\boldsymbol{A}$ 的不同特征值的特征向量，则 $k=$__________。

5. 已知 $\boldsymbol{A}^2-\boldsymbol{A}-2\boldsymbol{E}=\boldsymbol{0}$，则 $\boldsymbol{A}^{-1}=$__________。

二、选择题（每题 3 分，共 15 分）

1. 设齐次方程组 $\boldsymbol{AX}=\boldsymbol{0}$ 的一个基础解系为 $\boldsymbol{\alpha}_1=\begin{pmatrix}-2\\1\\1\\0\\0\end{pmatrix}$，$\boldsymbol{\alpha}_2=\begin{pmatrix}-1\\-3\\0\\1\\0\end{pmatrix}$，$\boldsymbol{\alpha}_3=\begin{pmatrix}2\\1\\0\\0\\1\end{pmatrix}$，则（　　）。

(A) $R(\boldsymbol{A})=5$　(B) $R(\boldsymbol{A})=4$　(C) $R(\boldsymbol{A})=3$　(D) $R(\boldsymbol{A})=2$

2. 设 n 阶矩阵 $\boldsymbol{A}$ 有 s 个不同的特征值 $\lambda_1,\lambda_2,\cdots,\lambda_s$，而且 $R(\lambda_i\boldsymbol{E}-\boldsymbol{A})=n-r_i$，$i=1,2,\cdots,s$。如果 $\boldsymbol{A}$ 与对角矩阵相似，则（　　）。

(A) $\sum\limits_{i=1}^{s}r_i\leqslant n$　(B) $\sum\limits_{i=1}^{s}r_i\geqslant n$　(C) $\sum\limits_{i=1}^{s}r_i=n$　(D) $\sum\limits_{i=1}^{s}r_i\neq n$

3. 若向量组 $\boldsymbol{\alpha}_1,\boldsymbol{\alpha}_2,\boldsymbol{\alpha}_3$ 线性无关，向量组 $\boldsymbol{\alpha}_1,\boldsymbol{\alpha}_2,\boldsymbol{\alpha}_4$ 线性相关，则（　　）。

(A) $\boldsymbol{\alpha}_4$ 必不可由 $\boldsymbol{\alpha}_1,\boldsymbol{\alpha}_2,\boldsymbol{\alpha}_3$ 线性表示　(B) $\boldsymbol{\alpha}_4$ 必可由 $\boldsymbol{\alpha}_1,\boldsymbol{\alpha}_2,\boldsymbol{\alpha}_3$ 线性表示

(C) $\boldsymbol{\alpha}_2$ 必不可由 $\boldsymbol{\alpha}_1,\boldsymbol{\alpha}_3,\boldsymbol{\alpha}_4$ 线性表示　(D) $\boldsymbol{\alpha}_2$ 必可由 $\boldsymbol{\alpha}_1,\boldsymbol{\alpha}_3,\boldsymbol{\alpha}_4$ 线性表示

4. 设 $m\times n$ 阶矩阵 $R(\boldsymbol{A})=r$，则如下结论正确的是（　　）。

(A) $R(\boldsymbol{A}^{\mathrm{T}}\boldsymbol{A})=R(\boldsymbol{A})$　(B) $R(\boldsymbol{A}^{\mathrm{T}}\boldsymbol{A})<R(\boldsymbol{A})$

(C) $R(\boldsymbol{A}^{\mathrm{T}}\boldsymbol{A})>R(\boldsymbol{A})$　(D) $R(\boldsymbol{A}^{\mathrm{T}}\boldsymbol{A})\neq R(\boldsymbol{A}^{\mathrm{T}})$

5. 对于矩阵方程 $\boldsymbol{AB}=\boldsymbol{AC}$，以下结论正确的是（　　）。

(A) $\boldsymbol{B}=\boldsymbol{C}$　(B) $\boldsymbol{B}\neq\boldsymbol{C}$

(C) 如 $\boldsymbol{A}$ 可逆，则 $\boldsymbol{B}=\boldsymbol{C}$　(D) 以上均不正确

三、（10 分）计算下行列式

$$D=\begin{vmatrix} x+a_1 & a_2 & a_3 & \cdots & a_n \\ a_1 & x+a_2 & a_3 & \cdots & a_n \\ a_1 & a_2 & x+a_3 & \cdots & a_n \\ \cdots & \cdots & \cdots & \cdots & \cdots \\ a_1 & a_2 & a_3 & \cdots & x+a_n \end{vmatrix}$$

四、（10 分）设三阶矩阵 $\boldsymbol{A}=\begin{pmatrix} 2 & 0 & 0 \\ 4 & 5 & 0 \\ -1 & 2 & 4 \end{pmatrix}$ 满足矩阵方程 $\boldsymbol{AX}+\boldsymbol{A}^2=3\boldsymbol{X}+9\boldsymbol{E}$，求矩阵 $\boldsymbol{X}$。

五、(14 分)设向量 $\boldsymbol{\alpha}_1=(3,2,1,3)$，$\boldsymbol{\alpha}_2=(1,-3,-1,-4)$，$\boldsymbol{\alpha}_3=(7,1,1,2)$，$\boldsymbol{\alpha}_4=(-1,1,-3,-2)$，$\boldsymbol{\alpha}_5=(0,7,-4,3)$，求向量组的秩和极大无关组，并把极大无关组以外的向量用极大无关组线性表示。

六、(13 分) 当 a,b 为何值时，线性非齐次方程组

$$\begin{cases} x_1+x_2+x_3+x_4=0 \\ x_1+2x_2+3x_3+3x_4=1 \\ -x_2+(a-3)x_3-2x_4=b \\ 3x_1+2x_2+x_3+ax_4=-1 \end{cases}$$

无解、有唯一解或有无穷多组解？在有无穷多解时，求出其通解。

七、（15 分）已知二次型 $f(x_1, x_2, x_3) = 2x_1^2 + 3x_2^2 + 3x_3^2 + 4x_2x_3$，试回答下列问题

（1）写出此二次型的矩阵 $\boldsymbol{A}$；

（2）利用正交变换 $\boldsymbol{X} = \boldsymbol{QY}$ 将该二次型化为标准型，并给出所使用的正交变换和标准型；

（3）判断该二次型是否具有正定性。

八、（8 分）Housesholder 矩阵是计算数学中一类重要的变换（镜面反射）方法，一般用来化矩阵为上 Hesseberg 矩阵。设实向量 $\boldsymbol{u} = (u_1, u_2, \cdots, u_n)^{\mathrm{T}}$ 且 $\boldsymbol{u}^{\mathrm{T}}\boldsymbol{u} = 1$，则其一般形式为 $\boldsymbol{H} = \boldsymbol{E} - 2\boldsymbol{uu}^{\mathrm{T}}$，试回答下列问题：

（1）证明：Householder 矩阵是实对称正交矩阵；（3 分）

（2）证明：一般实对称正交矩阵的特征值只能是 1 或 -1，并确定 Householder 矩阵的特征值；（3 分）

（3）对于 $u = \dfrac{1}{\sqrt{n}}(1,1,\cdots,1)^{\mathrm{T}}$，试给出此 Householder 矩阵属于各特征值的特征向量。（2 分）

线性代数期末考试全真试题二

一、填空题（每题 3 分，共 15 分）

1. 设 $\boldsymbol{u}=\begin{pmatrix}1\\1\\1\end{pmatrix}$，则 $\boldsymbol{u}\boldsymbol{u}^{\mathrm{T}}=$______，$\boldsymbol{u}^{\mathrm{T}}\boldsymbol{u}=$______。

2. 已知 $\boldsymbol{A}$ 为 n 阶实数对称矩阵，$\boldsymbol{A}^2=\boldsymbol{O}$，则 $\boldsymbol{A}=$______。

3. 设矩阵 $\boldsymbol{A}$ 为正交矩阵且 $|\boldsymbol{A}|=-1$，则 $|\boldsymbol{A}+\boldsymbol{E}|=$______。

4. 已知 $\begin{vmatrix}x & y & z\\0 & 2 & 3\\1 & 1 & 1\end{vmatrix}=2$，则 $\begin{vmatrix}x-3 & y-5 & z-6\\-2 & -4 & -5\\1 & 1 & 1\end{vmatrix}=$______。

5. 已知 $\boldsymbol{A}^2-\boldsymbol{A}-2\boldsymbol{E}=0$，则 $(\boldsymbol{A}-\boldsymbol{E})^{-1}=$______。

二、选择题（每题 3 分，共 15 分）

1. 设 $\boldsymbol{\alpha}_1,\boldsymbol{\alpha}_2,\boldsymbol{\alpha}_3$ 是四元非齐次方程组 $\boldsymbol{AX}=\boldsymbol{b}$ 的三个解向量，且 $R(\boldsymbol{A})=3$，$\boldsymbol{\alpha}_1=(1,2,3,4)^{\mathrm{T}}$，$\boldsymbol{\alpha}_2+\boldsymbol{\alpha}_3=(0,1,2,3)^{\mathrm{T}}$，$k$ 为任意常数，则 $\boldsymbol{AX}=\boldsymbol{b}$ 的通解为（　　）。

(A) $(1,2,3,4)^{\mathrm{T}}+k(1,1,1,1)^{\mathrm{T}}$　　(B) $(1,2,3,4)^{\mathrm{T}}+k(0,1,2,3)^{\mathrm{T}}$

(C) $(1,2,3,4)^{\mathrm{T}}+k(2,3,4,5)^{\mathrm{T}}$　　(D) $(1,2,3,4)^{\mathrm{T}}+k(3,4,5,6)^{\mathrm{T}}$

2. 设三阶方矩 $\boldsymbol{A}$ 的三个特征值分别为 1,2,4，又矩阵 $\boldsymbol{B}=\boldsymbol{A}^2+\boldsymbol{A}-3\boldsymbol{E}$，则如下正确的是（　　）。

(A) 矩阵 $\boldsymbol{B}$ 不可逆　　(B) 矩阵 $\boldsymbol{B}$ 不可以对角化

(C) 矩阵 $\boldsymbol{B}$ 三个特征值为 $-1,3,17$　　(D) $\mathrm{trace}(\boldsymbol{B})=18$

3. 设 $\boldsymbol{A}$ 是 $m\times n$ 阶矩阵，$\boldsymbol{AX}=\boldsymbol{0}$ 是 $\boldsymbol{AX}=\boldsymbol{b}$ 对应的齐次线性方程组，则以下正确的是（　　）。

(A) 若 $\boldsymbol{AX}=\boldsymbol{0}$ 只有零解，则 $\boldsymbol{AX}=\boldsymbol{b}$ 有唯一解，

(B) 若 $\boldsymbol{AX}=\boldsymbol{0}$ 有非零解，则 $\boldsymbol{AX}=\boldsymbol{b}$ 有无穷多解

(C) 若 $\boldsymbol{AX}=\boldsymbol{b}$ 有无穷多解，则 $\boldsymbol{AX}=\boldsymbol{0}$ 只有零解

(D) 若 $\boldsymbol{AX}=\boldsymbol{b}$ 有无穷多解，则 $\boldsymbol{AX}=\boldsymbol{0}$ 有非零解

4. 如 $\boldsymbol{\alpha}_1,\boldsymbol{\alpha}_2,\boldsymbol{\alpha}_3,\boldsymbol{\beta}_1,\boldsymbol{\beta}_2$ 都是四维列向量，且 4 阶行列式 $|\boldsymbol{\alpha}_1\ \ \boldsymbol{\alpha}_2\ \ \boldsymbol{\alpha}_3\ \ \boldsymbol{\beta}_1|=m$，$|\boldsymbol{\alpha}_1\ \ \boldsymbol{\alpha}_2\ \ \boldsymbol{\beta}_2\ \ \boldsymbol{\alpha}_3|=n$，则 4 阶行列式 $|\boldsymbol{\alpha}_3\ \ \boldsymbol{\alpha}_2\ \ \boldsymbol{\alpha}_1\ \ (\boldsymbol{\beta}_1+\boldsymbol{\beta}_2)|$ 等于（　　）。

(A) $m+n$　　(B) $n-m$　　(C) $-(m+n)$　　(D) $m-n$

5. 以下论述中不可对角化的矩阵为（　　）。

(A) 实对称矩阵

(B) 有 n 个线性无关特征向量的 n 阶方阵

(C) 不足 n 个线性无关的特征向量的 n 阶方阵

(D) 有 n 个不同特征值的 n 阶方阵

三、(10 分) 计算行列式 $D=\begin{vmatrix}x+1 & -1 & 1 & -1\\1 & x-1 & 1 & -1\\1 & -1 & x+1 & -1\\1 & -1 & 1 & x-1\end{vmatrix}$ 的值。

四、(12 分)设四阶矩阵 $\boldsymbol{A}=\begin{pmatrix} 1 & 0 & 0 & 0 \\ -2 & 3 & 0 & 0 \\ 0 & -4 & 5 & 0 \\ 0 & 0 & -6 & 7 \end{pmatrix}$，方阵 $\boldsymbol{B}$ 满足矩阵方程 $\boldsymbol{AB}+\boldsymbol{A}=\boldsymbol{E}-\boldsymbol{B}$，试给出 $(\boldsymbol{B}+\boldsymbol{E})^{-1}$。

五、(12 分)求向量组 $\boldsymbol{\alpha}_1=(1,1,0,1)$，$\boldsymbol{\alpha}_2=(2,0,1,3)$，$\boldsymbol{\alpha}_3=(0,2,-1,-1)$，$\boldsymbol{\alpha}_4=(0,1,-1,-1)$，$\boldsymbol{\alpha}_5=(6,1,3,9)$ 的秩和它的一个极大线性无关组，并把其余向量表示为所求的极大线性无关组的线性组合。

六、(15 分) 当 a ,b 为何值时，线性非齐次方程组

$$\begin{cases} x_1 + x_2 + x_3 + x_4 = 0 \\ 2x_1 + 3x_2 + 4x_3 + 4x_4 = 1 \\ -x_2 + (a-3)x_3 - 2x_4 = b \\ 3x_1 + 2x_2 + x_3 + ax_4 = -1 \end{cases}$$

无解、有唯一解或有无穷多组解？在有无穷多解时，求出其通解。

七、(14 分) 已知二次型 $f(x_1, x_2, x_3)=x_1^2+x_2^2+2x_3^2+2x_1x_2$，试回答下列问题

(1) 写出此二次型的矩阵 $\boldsymbol{A}$；

(2) 利用正交变换 $\boldsymbol{X}=\boldsymbol{QY}$ 将该二次型化为标准型，并给出所使用的正交变换和标准型；

(3) 判断该二次型是否具有正定性。

八、（7 分）设 $\mathbf{A}$ 为 $m\times n$ 阶实矩阵，证明：$R(\mathbf{A}^{\mathrm{T}}\mathbf{A})=R(\mathbf{A})$。

线性代数期末考试全真试题三

一、填空题（每题 3 分，共 15 分）

1. 设 $\boldsymbol{A}$ 为 n 阶方阵，若存在正整数 $k\geqslant 2$ 使得 $\boldsymbol{A}^k=\boldsymbol{O}$，则 $\boldsymbol{A}$ 至少有一个特征值为____。

2. 设矩阵 $\boldsymbol{A}$ 为实对称矩阵，如果 $\boldsymbol{A}^2=\boldsymbol{O}$，则 $\boldsymbol{A}=$____________________。

3. 三阶实对称矩阵 $\boldsymbol{A}$ 的三个特征值分别为 1,2,3，且对应特征值 1 的一个特征向量为 $(1,1,1)^{\mathrm{T}}$，对应于特征值 2 的一个特征向量为 $(1,-1,-1)^{\mathrm{T}}$，则对应于特征值 3 的全部特征向量为____________________。

4. 已知方阵 $\boldsymbol{A}$ 满足 $\boldsymbol{A}^2-5\boldsymbol{A}+7\boldsymbol{E}=\boldsymbol{O}$，则 $(\boldsymbol{A}-2\boldsymbol{E})^{-1}=$____________________。

5. 设四阶行列式 $|\boldsymbol{A}|=|\boldsymbol{\alpha}\,\boldsymbol{\gamma}_1\,\boldsymbol{\gamma}_2\,\boldsymbol{\gamma}_3|=-1$，$|\boldsymbol{B}|=|\boldsymbol{\beta}\,\boldsymbol{\gamma}_1\boldsymbol{\gamma}_2\boldsymbol{\gamma}_3|=5$，则 $|\boldsymbol{A}+\boldsymbol{B}|=$____________。

二、选择题（每题 3 分，共 15 分）

1. 设 $\boldsymbol{A}$ 是三阶矩阵，如果对任何一个三维列向量 $\boldsymbol{\beta}$ 都有 $\boldsymbol{A\beta}=\boldsymbol{0}$，则（　　）。

(A)$\boldsymbol{A}=\boldsymbol{O}$　　(B)$\boldsymbol{A}=\boldsymbol{E}$　　(C)$\boldsymbol{A}$ 是对称矩阵　　(D)$\boldsymbol{A}$ 是反对称矩阵

2. 设 n 阶方阵 $\boldsymbol{A}$ 的秩小于 $n-1$，则关于其伴随矩阵的叙述(1)$\boldsymbol{A}^*=\boldsymbol{O}$，(2)$R(\boldsymbol{A}^*)=0$，(3)$R(\boldsymbol{A}^*)\neq 0$，(4)$|\boldsymbol{A}^*|=0$，(5)$|\boldsymbol{A}^*|\neq 0$ 中正确的有（　　）个。

(A)1　　(B)2　　(C) 3　　(D) 4

3. 设 $\boldsymbol{A},\boldsymbol{B}$ 为同等规模矩阵，则以下论述中错误的是（　　）。

(A) 若 $R(\boldsymbol{A})=R(\boldsymbol{B})$，则 $\boldsymbol{A},\boldsymbol{B}$ 是相抵等价的

(B) 若 $\boldsymbol{A},\boldsymbol{B}$ 相似，则它们特征值相同

(C) 若 $\boldsymbol{A},\boldsymbol{B}$ 合同，则存在可逆矩阵 $\boldsymbol{P}$ 使得 $\boldsymbol{P}^{\mathrm{T}}\boldsymbol{AP}=\boldsymbol{B}$

(D) 若 $R(\boldsymbol{A})=R(\boldsymbol{B})$，则它们相似

4. 关于实对称矩阵的叙述错误的是（　　）。

(A)必可以对角化

(B)属于不同特征值的特征向量可以不正交

(C)特征值均为实数

(D)非零特征值的个数（相同特征值以重数计）等于矩阵的秩

5. 设 $\boldsymbol{u}=(1,1,1)^{\mathrm{T}}$，令 $\boldsymbol{A}=\boldsymbol{uu}^{\mathrm{T}}$，则以下结论中错误的是（　　）。

(A)$\mathrm{trace}(\boldsymbol{A})=3$　　(B)$R(\boldsymbol{A})=1$　　(C)$|\boldsymbol{A}|=0$　　(D)$\boldsymbol{A}$ 不可以对角化

三、（10 分）试计算 $2n$（$n\geqslant 1$）阶行列式：

$$\begin{vmatrix} a & 0 & 0 & \cdots & 0 & 0 & b \\ 0 & a & 0 & \cdots & 0 & b & 0 \\ 0 & 0 & a & \cdots & b & 0 & 0 \\ \cdots & \cdots & \cdots & \cdots & \cdots & \cdots & \cdots \\ 0 & 0 & b & \cdots & a & 0 & 0 \\ 0 & b & 0 & \cdots & 0 & a & 0 \\ b & 0 & 0 & \cdots & 0 & 0 & a \end{vmatrix}$$

四、(14 分) 设向量空间 **V** 由向量 $\boldsymbol{\alpha}_1=\begin{pmatrix}1\\2\\3\\0\end{pmatrix}$，$\boldsymbol{\alpha}_2=\begin{pmatrix}-1\\-2\\0\\3\end{pmatrix}$，$\boldsymbol{\alpha}_3=\begin{pmatrix}2\\4\\6\\0\end{pmatrix}$，$\boldsymbol{\alpha}_4=\begin{pmatrix}1\\-1\\-1\\0\end{pmatrix}$

$\boldsymbol{\alpha}_5=\begin{pmatrix}0\\0\\1\\1\end{pmatrix}$生成，即 $\mathbf{V}=\{\boldsymbol{\alpha}\mid k_1\boldsymbol{\alpha}_1+k_2\boldsymbol{\alpha}_2+\cdots+k_5\boldsymbol{\alpha}_5, k_i$ 为实数$, i=1,2,\cdots,5\}$，试求

(1) 向量空间 **V** 的维数及其一组基；

(2) $\boldsymbol{\alpha}_1,\boldsymbol{\alpha}_2,\cdots,\boldsymbol{\alpha}_5$ 中非基向量在这组基下的坐标。

五、(10 分) 求解矩阵方程 $\begin{pmatrix}1&2&0\\0&1&0\\0&1&3\end{pmatrix}\boldsymbol{X}=\begin{pmatrix}2&-1\\2&3\\3&-2\end{pmatrix}$。

六、(12 分)当 b 为何值时,线性非齐次方程组

$$\begin{cases} x_1+x_2+x_3+x_4=0 \\ x_1+2x_2+3x_3+3x_4=1 \\ -x_2-2x_3-2x_4=b \\ 3x_1+x_2-x_3-x_4=b-1 \end{cases}$$

有无穷多组解？在有无穷多解时,求出其通解。

七、(14 分)已知二次型 $f(x_1,x_2,x_3)=x_1^2+4x_2^2+2x_3^2+4x_1x_2$，试回答下列问题

(1) 写出此二次型的矩阵 $\boldsymbol{A}$；

(2) 利用正交变换 $\boldsymbol{X}=\boldsymbol{QY}$ 将该二次型化为标准型，并给出所使用的正交变换和标准型；

(3) 曲面 $f(x_1, x_2, x_3)=x_1^2+4x_2^2+2x_3^2+4x_1x_2=8$ 是何种二次曲面？

八、(5 分)证明：设 $\boldsymbol{A},\boldsymbol{B}$ 均为实正交矩阵且 $|\boldsymbol{A}|<0,|\boldsymbol{B}|>0$，证明：$|\boldsymbol{A}+\boldsymbol{B}|=0$。

九、(5 分)强对角占优矩阵是计算数学中经常出现的一种矩阵。所谓强对角占优矩阵是指方阵 $\boldsymbol{A}$ 中的元素满足 $|a_{ii}|>\sum\limits_{j\neq x}|a_{ij}|(i=1,2,\cdots,n)$，试结合齐次线性方程组 $\boldsymbol{AX}=\boldsymbol{0}$ 解的理论和反证法证明：强对角占优矩阵一定是可逆的。

线性代数期末考试全真试题四

一、填空题（每题 3 分，共 15 分）

1. 设 $\boldsymbol{\alpha},\boldsymbol{\beta},\boldsymbol{\gamma},\boldsymbol{\eta}$ 都是 3×1 矩阵，分块矩阵 $\boldsymbol{A}=(\boldsymbol{\alpha}\quad\boldsymbol{\beta}\quad\boldsymbol{\gamma})$，$\boldsymbol{B}=(\boldsymbol{\eta}\quad\boldsymbol{\beta}\quad\boldsymbol{\gamma})$，若 $|\boldsymbol{A}|=2$，$|\boldsymbol{B}|=3$，则 $|\boldsymbol{A}+\boldsymbol{B}|=$ ________

2. 设 $\boldsymbol{A}$ 是 n 阶矩阵，$\boldsymbol{E}$ 是 n 阶单位阵，且 $\boldsymbol{A}^2=\boldsymbol{A}$，则 $R(\boldsymbol{A})+R(\boldsymbol{E}-\boldsymbol{A})=$ ________________

3. 设 $\boldsymbol{A}=\begin{pmatrix}1&2&-2\\4&t&3\\3&-1&1\end{pmatrix}$，$\boldsymbol{B}$ 为三阶非零矩阵，且 $\boldsymbol{AB}=\boldsymbol{O}$，则 $t=$ ________________

4. 已知方程组 $\begin{pmatrix}1&2&1\\2&3&a+2\\1&a&-2\end{pmatrix}\begin{pmatrix}x\\y\\z\end{pmatrix}=\begin{pmatrix}1\\3\\0\end{pmatrix}$ 无解，则 $a=$ ________________

5. 给定 $\boldsymbol{\alpha}_1=(2,-1,3)^{\mathrm{T}}$，$\boldsymbol{\alpha}_2=(1,0,-1)^{\mathrm{T}}$，$\boldsymbol{\alpha}_3=(0,-1,5)^{\mathrm{T}}$，$\boldsymbol{V}$ 表示由 $\boldsymbol{\alpha}_1$，$\boldsymbol{\alpha}_2$，$\boldsymbol{\alpha}_3$ 所生成的向量空间，则 $\boldsymbol{V}$ 的维数为 ________________。

二、选择题（每题 3 分，共 15 分）

1. 设 $\boldsymbol{A}$ 为 3 阶方阵，则 $|2\boldsymbol{A}|$ 为（　　）。

(A) $2^3\boldsymbol{A}$　(B) $2|\boldsymbol{A}|$　(C) $2^3|\boldsymbol{A}|$　(D) $3^2|\boldsymbol{A}|$

2. 若矩阵 $\boldsymbol{A}$ 的秩等于矩阵 $\boldsymbol{B}$ 的秩，则（　　）。

(A) $\boldsymbol{A}$ 与 $\boldsymbol{B}$ 合同　(B) $\boldsymbol{B}=\boldsymbol{A}$　(C) $\boldsymbol{A}$ 的行秩等于 $\boldsymbol{B}$ 的列秩　(D) $\boldsymbol{A}$，$\boldsymbol{B}$ 是相似矩阵

3. 向量组 $\boldsymbol{\alpha}_1,\boldsymbol{\alpha}_2\cdots\cdots,\boldsymbol{\alpha}_m(m\geqslant2)$ 线性相关的充分必要条件是（　　）。

(A) $\alpha_1,\alpha_2,\cdots,\alpha_m$ 中至少有一个零向量

(B) $\alpha_1,\alpha_2,\cdots,\alpha_m$ 中至少有两个向量成比例

(C) $\alpha_1,\alpha_2,\cdots,\alpha_m$ 中每个向量都能由其余 $m-1$ 个向量线性表示

(D) $\alpha_1,\alpha_2,\cdots,\alpha_m$ 中至少有一个可以由其余向量线性表示

4. 非齐次线性方程组 $\boldsymbol{AX}=\boldsymbol{b}$ 中未知量个数为 n，方程个数为 m，系数矩阵 $\boldsymbol{A}$ 的秩为 R，则（　　）。

(A) $R=m$ 时，方程组 $\boldsymbol{AX}=\boldsymbol{b}$ 有解

(B) $R=n$ 时，方程组 $\boldsymbol{AX}=\boldsymbol{b}$ 有唯一解

(C) $m=n$ 时，方程组 $\boldsymbol{AX}=\boldsymbol{b}$ 有唯一解

(D) $R<n$ 时，方程组 $\boldsymbol{AX}=\boldsymbol{b}$ 有无穷多解

5. 矩阵 $\boldsymbol{A}$ 有特征值为 1,2，则 $\boldsymbol{A}^2-\boldsymbol{A}+\boldsymbol{E}$ 一定有特征值（　　）。

(A) 1,2　(B) 1,3　(C) 2,3　(D) 1，2，3

三、（11 分）计算 4 阶行列式 $\begin{vmatrix}a_2&0&0&c_2\\0&a_1&c_1&0\\0&d_1&b_1&0\\d_2&0&0&b_2\end{vmatrix}$。

四、（12 分）设 $\boldsymbol{A}=\begin{pmatrix}4 & 2 & 3\\ 1 & 1 & 0\\ -1 & 2 & 3\end{pmatrix}$，且有关系式 $\boldsymbol{AX}=\boldsymbol{A}+2\boldsymbol{X}$，求矩阵 $\boldsymbol{X}$。

五、（12 分）求下列向量组的秩及其一个极大线性无关组，并将其余向量用这个极大线性无关组线性表示：$\boldsymbol{\alpha}_1=(1,2,1,3)'$，$\boldsymbol{\alpha}_2=(4,-1,-5,-6)'$，$\boldsymbol{\alpha}_3=(1,-3,-4,-7)'$，$\boldsymbol{\alpha}_4=(2,1,-1,0)'$。

六、(14 分) 解下列非齐次线性方程组

$$\begin{cases} x_1+x_2+x_3+x_4=0 \\ x_2+2x_3+2x_4=1 \\ -x_2-2x_3-2x_4=-1 \\ 3x_1+2x_2+x_3+x_4=-1 \end{cases}$$

七、(16 分) 已知二次型 $f(x_1,x_2,x_3)=2x_1^2+4x_2^2+5x_3^2-4x_1x_3$。

(1) 写出二次型 f 的矩阵 $\boldsymbol{A}$；

(2) 用正交变换把二次型 f 化为标准形，并写出相应的正交矩阵；

(3) 判别二次型的正定性。

八、（5 分）证明：全体二阶实矩阵构成实数域 **R** 上的线性空间，取固定实数矩阵 $\boldsymbol{A}=\begin{pmatrix} a & b \\ c & d \end{pmatrix}$，在 **V** 中定义一个变换：$\sigma(\boldsymbol{X})=\boldsymbol{AX}-\boldsymbol{XA}$，其中 $\boldsymbol{X}$ 是 **V** 中任意向量，试证 σ 是一个线性变换。

线性代数期末考试全真试题五

一、填空题（每空 3 分，共 15 分）

1. 行列式 $\begin{vmatrix} -3 & 1 & 1 & 1 \\ 1 & -3 & 1 & 1 \\ 1 & 1 & -3 & 1 \\ 1 & 1 & 1 & -3 \end{vmatrix} =$ ______。

2. 设向量组 $\boldsymbol{\alpha}_1=(a,0,c)$，$\boldsymbol{\alpha}_2=(b,c,0)$，$\boldsymbol{\alpha}_3=(0,a,b)$线性无关，则 a,b,c 必满足关系式______。

3. 三阶方阵 $\boldsymbol{A}$ 的特征值为 1,−1,2，且 $\boldsymbol{B}=2\boldsymbol{A}^3-3\boldsymbol{A}^2$，则 $|\boldsymbol{B}|=$______。

4. 二次型 $f(x_1,x_2,x_3)=ax_1^2+ax_2^2+ax_3^2 2+2x_1x_2+2x_1x_3+2x_2x_3$ 经正交变换可化为标准型 $f=3y_1^2$，则 $a=$______。

5. 二阶矩阵 $\boldsymbol{A}$ 的特征值为 $\lambda_1=3$，$\lambda_2=2$，对应的特征向量分别是 $\boldsymbol{\alpha}_1$，$\boldsymbol{\alpha}_2$，若 $\boldsymbol{P}=(2\boldsymbol{\alpha}_2,\ -\boldsymbol{\alpha}_1)$，则 $\boldsymbol{P}^{-1}\boldsymbol{A}\boldsymbol{P}=$______。

二、选择题（每空 3 分，共 15 分）

1. $D=\begin{vmatrix} 1 & 3 & -1 & 2 \\ 6 & 8 & 1 & 2 \\ 3 & 9 & 1 & 2 \\ 6 & 2 & 3 & 2 \end{vmatrix}$，则 $A_{12}+A_{22}+A_{32}+A_{42}=$（　　）。

(A) 1　　(B) −1　　(C) 0　　(D) 2

2. 设 $\boldsymbol{A}$ 为 n 阶矩阵满足 $\boldsymbol{A}^2+3\boldsymbol{A}+\boldsymbol{E}_n=\boldsymbol{O}$，$\boldsymbol{E}_n$ 为 n 阶单位矩阵，则 $\boldsymbol{A}^{-1}=$（　　）。

(A) $\boldsymbol{E}_n$　　(B) $\boldsymbol{A}+3\boldsymbol{E}_n$　　(C) $-\boldsymbol{A}-3\boldsymbol{E}_n$　　(D) $3\boldsymbol{A}+\boldsymbol{E}_n$

3. 设 n 阶矩阵 $\boldsymbol{A}$ 与 $\boldsymbol{B}$ 等价，则必有（　　）。

(A) 当 $|\boldsymbol{A}|=a(a\neq0)$时，$|\boldsymbol{B}|=a$　　(B) 当 $|\boldsymbol{A}|=a(a\neq0)$时，$|\boldsymbol{B}|=-a$

(C) 当 $|\boldsymbol{A}|\neq0$ 时，$|\boldsymbol{B}|=0$　　(D) 当 $|\boldsymbol{A}|=0$ 时，$|\boldsymbol{B}|=0$

4. 设向量组 $\boldsymbol{\alpha}_1,\boldsymbol{\alpha}_2,\boldsymbol{\alpha}_3$线性无关，则下列向量组线性相关的是（　　）。

(A) $\boldsymbol{\alpha}_1-2\boldsymbol{\alpha}_2,\boldsymbol{\alpha}_2-2\boldsymbol{\alpha}_3,\boldsymbol{\alpha}_3-2\boldsymbol{\alpha}_1$　　(B) $\boldsymbol{\alpha}_1+\boldsymbol{\alpha}_2,\boldsymbol{\alpha}_2+\boldsymbol{\alpha}_3,\boldsymbol{\alpha}_3+\boldsymbol{\alpha}_1$

(C) $\boldsymbol{\alpha}_1-\boldsymbol{\alpha}_2,\boldsymbol{\alpha}_2-\boldsymbol{\alpha}_3,\boldsymbol{\alpha}_3-\boldsymbol{\alpha}_1$　　(D) $\boldsymbol{\alpha}_1+2\boldsymbol{\alpha}_2,\boldsymbol{\alpha}_2+2\boldsymbol{\alpha}_3,\boldsymbol{\alpha}_3+2\boldsymbol{\alpha}_1$

5. 实二次型的秩与符号差的和必为（　　）。

(A)负数　　(B)奇数　　(C)偶数　　(D) 以上皆不对

三、(11 分)计算 n 阶行列式 $D_n=\begin{vmatrix} 1 & 3 & 3 & \cdots & 3 \\ 3 & 2 & 3 & \cdots & 3 \\ 3 & 3 & 3 & \cdots & 3 \\ \cdots & \cdots & \cdots & \cdots & \cdots \\ 3 & 3 & 3 & \cdots & n \end{vmatrix}$。

四、(12 分)设矩阵 $\boldsymbol{A}=\begin{pmatrix}3 & 1 & 1\\ 0 & 3 & 2\\ 0 & 1 & 5\end{pmatrix}$，且矩阵 $\boldsymbol{A}$，$\boldsymbol{X}$ 满足 $\boldsymbol{AX}=\boldsymbol{A}+2\boldsymbol{X}$，求矩阵 $\boldsymbol{X}$。

五、(13 分) 求向量组 $\boldsymbol{\alpha}_1=(1,2,5,2)^T$，$\boldsymbol{\alpha}_2=(3,-1,1,6)^T$，$\boldsymbol{\alpha}_3=(1,-1,-1,2)^T$，$\boldsymbol{\alpha}_4=(-1,4,7,-3)^T$的秩和一个极大线性无关组，并将其余向量用极大线性无关组表示。

六、(13 分) 求下列非齐次线性方程组的通解

$$\begin{cases} x_1 & & -x_3+ & x_4=2, \\ x_1 & -x_2+ & 2x_3+ & x_4=1, \\ 2x_1 & -x_2+ & x_3+ & 2x_4=3, \\ 3x_1 & -x_2+ & & 3x_4=5。 \end{cases}$$

七、(15 分) 已知二次型 $f(x_1,x_2,x_3)=(1-a)x_1^2+(1-a)x_2^2+2x_3^2+2(1+a)x_1x_2$ 的秩为 2，求：

(1) a 的值；

(2) 作正交变换 $\boldsymbol{X}=\boldsymbol{QY}$，把 $f(x_1,x_2,x_3)$ 化为标准型，写出正交矩阵 $\boldsymbol{Q}$ 及标准型。

八、(6 分)在 R^3 中，求由基 $\boldsymbol{\alpha}_1=(1,0,0)^{\mathrm{T}}$，$\boldsymbol{\alpha}_2=(1,1,0)^{\mathrm{T}}$，$\boldsymbol{\alpha}_3=(1,1,1)^{\mathrm{T}}$ 通过过渡矩阵 $\boldsymbol{A}=\begin{pmatrix} 1 & -1 & 0 \\ 0 & 1 & -1 \\ 0 & 0 & 1 \end{pmatrix}$ 所得到的新基 $\boldsymbol{\beta}_1,\boldsymbol{\beta}_2,\boldsymbol{\beta}_3$，并求 $\boldsymbol{\alpha}=-\boldsymbol{\alpha}_1-2\boldsymbol{\alpha}_2+5\boldsymbol{\alpha}_3$ 在新基 $\boldsymbol{\beta}_1,\boldsymbol{\beta}_2,\boldsymbol{\beta}_3$ 下的坐标。

线性代数期末考试全真试题一解答

一、填空题

1.0　2. −432　3. $k(1,1,\cdots,1)^{\mathrm{T}}$，$k$ 为任意常数　4. 1 或 −1　5. $1/2(\boldsymbol{A}-\boldsymbol{E})$

二、选择题

1. D　2. C　3. B　4. A　5. C

三、

$$D=\begin{vmatrix} x+a_1 & a_2 & a_3 & \cdots & a_n \\ a_1 & x+a_2 & a_3 & \cdots & a_n \\ a_1 & a_2 & x+a_3 & \cdots & a_n \\ \cdots & \cdots & \cdots & \cdots & \cdots \\ a_1 & a_2 & a_3 & \cdots & x+a_n \end{vmatrix}=\begin{vmatrix} x+\sum\limits_{i=1}^{n}a_i & a_2 & a_3 & \cdots & a_n \\ x+\sum\limits_{i=1}^{n}a_i & x+a_2 & a_3 & \cdots & a_n \\ x+\sum\limits_{i=1}^{n}a_i & a_2 & x+a_3 & \cdots & a_n \\ \cdots & \cdots & \cdots & \cdots & \cdots \\ x+\sum\limits_{i=1}^{n}a_i & a_2 & a_3 & \cdots & x+a_n \end{vmatrix}$$

$$(\text{从第二列至第 } n \text{ 列加到第 1 列})=\left(x+\sum_{i=1}^{n}a_i\right)\begin{vmatrix} 1 & a_2 & a_3 & \cdots & a_n \\ 1 & x+a_2 & a_3 & \cdots & a_n \\ 1 & a_2 & x+a_3 & \cdots & a_n \\ \cdots & \cdots & \cdots & \cdots & \cdots \\ 1 & a_2 & a_3 & \cdots & x+a_n \end{vmatrix}$$

$$(\text{提取公因子})=\left(x+\sum_{i=1}^{n}a_i\right)\begin{vmatrix} 1 & 0 & 0 & \cdots & 0 \\ 1 & x & 0 & \cdots & 0 \\ 1 & 0 & x & \cdots & 0 \\ \cdots & \cdots & \cdots & \cdots & \cdots \\ 1 & 0 & 0 & \cdots & x \end{vmatrix}=x^{n-1}\left(x+\sum_{i=1}^{n}a_i\right)$$

四、由 $\boldsymbol{AX}+\boldsymbol{A}^2=3\boldsymbol{X}+9\boldsymbol{E}$ 得

$$(\boldsymbol{A}-3\boldsymbol{E})\boldsymbol{X}=-(\boldsymbol{A}-3\boldsymbol{E})(\boldsymbol{A}+3\boldsymbol{E})$$

又 $|\boldsymbol{A}-3\boldsymbol{E}|\neq 0$，故 $\boldsymbol{A}-3\boldsymbol{E}$ 可逆，上式两边同时左乘 $(\boldsymbol{A}-3\boldsymbol{E})^{-1}$ 得

$$\boldsymbol{X}=-(\boldsymbol{A}+3\boldsymbol{E})=\begin{pmatrix} -5 & 0 & 0 \\ -4 & -8 & 0 \\ 1 & -2 & -7 \end{pmatrix}$$

五、以 $\boldsymbol{\alpha}_1^{\mathrm{T}},\boldsymbol{\alpha}_2^{\mathrm{T}},\cdots,\boldsymbol{\alpha}_2^{\mathrm{T}}$ 为列生成矩阵 $\boldsymbol{A}$，并对 $\boldsymbol{A}$ 施行初等行变换将其化为行最简形。

$$\boldsymbol{A}=\begin{pmatrix} 3 & 1 & 7 & -1 & 0 \\ 2 & -3 & 1 & 1 & 7 \\ 1 & -1 & 1 & -3 & -4 \\ 3 & -4 & 2 & -2 & 3 \end{pmatrix}\xrightarrow{r_1\leftrightarrow r_3}\begin{pmatrix} 1 & -1 & 1 & -3 & -4 \\ 2 & -3 & 1 & 1 & 7 \\ 3 & 1 & 7 & -1 & 0 \\ 3 & -4 & 2 & -2 & 3 \end{pmatrix}$$

$$\xrightarrow[r_4-3r_1]{\substack{r_2-2r_1\\ r_3-3r_1}}\begin{pmatrix}1&-1&1&-3&-4\\0&-1&-1&7&15\\0&4&4&8&12\\0&-1&-1&7&15\end{pmatrix}\xrightarrow[r_4-r_2]{\frac{1}{4}r_3}\begin{pmatrix}1&-1&1&-3&-4\\0&-1&-1&7&15\\0&1&1&2&3\\0&0&0&0&0\end{pmatrix}$$

$$\xrightarrow{r_3+r_2}\begin{pmatrix}1&-1&1&-3&-4\\0&-1&-1&7&15\\0&0&0&9&18\\0&0&0&0&0\end{pmatrix}\xrightarrow[\frac{1}{9}r_3]{-r_2}\begin{pmatrix}1&-1&1&-3&-4\\0&1&1&-7&-15\\0&0&0&1&2\\0&0&0&0&0\end{pmatrix}$$

$$\xrightarrow[r_1+3r_3]{r_2+7r_3}\begin{pmatrix}1&-1&1&0&2\\0&1&1&0&-1\\0&0&0&1&2\\0&0&0&0&0\end{pmatrix}\xrightarrow{r_1+r_2}\begin{pmatrix}1&0&2&0&1\\0&1&1&0&-1\\0&0&0&1&2\\0&0&0&0&0\end{pmatrix}$$

故 $R(\boldsymbol{\alpha}_1,\cdots,\boldsymbol{\alpha}_5)=3$，一个极大无关组为 $\boldsymbol{\alpha}_1,\boldsymbol{\alpha}_2,\boldsymbol{\alpha}_4$，且 $\boldsymbol{\alpha}_3=2\boldsymbol{\alpha}_1+\boldsymbol{\alpha}_2,\boldsymbol{\alpha}_5=\boldsymbol{\alpha}_1-\boldsymbol{\alpha}_2+2\boldsymbol{\alpha}_4$。

六、对方程组的增广矩阵进行初等行变换

$$(\boldsymbol{A}\mid\boldsymbol{b})=\left(\begin{array}{cccc:c}1&1&1&1&0\\1&2&3&3&1\\0&-1&a-3&-2&b\\3&2&1&a&-1\end{array}\right)\xrightarrow[r_3-3r_1]{r_2-r_1}\left(\begin{array}{cccc:c}1&1&1&1&0\\0&1&2&2&1\\0&-1&a-3&-2&b\\0&-1&-2&a-3&-1\end{array}\right)$$

$$\xrightarrow[r_4+r_2]{r_3+r_2}\left(\begin{array}{cccc:c}1&1&1&1&0\\0&1&2&2&1\\0&0&a-1&0&b+1\\0&0&0&a-1&0\end{array}\right)=\boldsymbol{B}$$。显然可见：当 $a=1,b\neq-1$ 时方程组无解，当 $a\neq1$时方程组有唯一解，当 $a=1$，$b=-1$ 时方程组有无穷多组解. 当 $a=1$，$b=-1$ 时继续将矩阵 $\boldsymbol{B}$ 化为行最简形得

$$\boldsymbol{B}=\left(\begin{array}{cccc:c}1&1&1&1&0\\0&1&2&2&1\\0&0&0&0&0\\0&0&0&0&0\end{array}\right)\xrightarrow{r_1-r_2}\left(\begin{array}{cccc:c}1&0&-1&-1&-1\\0&1&2&2&1\\0&0&0&0&0\\0&0&0&0&0\end{array}\right)$$

与原方程组等价的方程组为

$$\begin{cases}x_1=-1+x_3+x_4\\x_2=1-2x_3-2x_4\end{cases}$$

令 $\begin{pmatrix}x_3\\x_4\end{pmatrix}=\begin{pmatrix}0\\0\end{pmatrix}$，得原方程组的一个特解为 $\boldsymbol{\eta}=\begin{pmatrix}-1\\1\\0\\0\end{pmatrix}$。与原方程组对应的齐次方程组等价的方程组为 $\begin{cases}x_1=x_3+x_4\\x_2=2x_3-2x_4\end{cases}$。

令$\begin{pmatrix}x_3\\x_4\end{pmatrix}=\begin{pmatrix}1\\0\end{pmatrix}$，$\begin{pmatrix}0\\1\end{pmatrix}$得齐次方程组的一个基础解系为$\boldsymbol{\eta}_1=\begin{pmatrix}1\\-2\\1\\0\end{pmatrix}$，$\boldsymbol{\eta}_2=\begin{pmatrix}1\\-2\\0\\1\end{pmatrix}$。

故原方程组有无穷多组解时的通解为$\boldsymbol{X}=\boldsymbol{\eta}+k_1\boldsymbol{\eta}_1+k_2\boldsymbol{\eta}_2$，$k_1$，$k_2$为任意常数。

七、(1) 二次型的矩阵为

$$\boldsymbol{A}=\begin{pmatrix}2&0&0\\0&3&2\\0&2&3\end{pmatrix}$$

(2) 先计算矩阵的特征多项式

$$f_{\boldsymbol{A}}(\lambda)=|\boldsymbol{A}-\lambda\boldsymbol{E}|=\begin{vmatrix}2-\lambda&0&0\\0&3-\lambda&2\\0&2&3-\lambda\end{vmatrix}=(2-\lambda)(1-\lambda)(5-\lambda)$$

故矩阵的特征值分别为$\lambda_1=1$，$\lambda_2=2$，$\lambda_3=5$。

再计算矩阵的属于各特征值的特征向量：

当$\lambda_1=1$时，求解方程组$(\boldsymbol{A}-\lambda_1\boldsymbol{E})\boldsymbol{x}=\boldsymbol{0}$，得一个特征向量为$\boldsymbol{q}_1=1/\sqrt{2}\ (0,\ -1,\ 1)^{\mathrm{T}}$。

当$\lambda_2=2$时，求解方程组$(\boldsymbol{A}-\lambda_2\boldsymbol{E})\boldsymbol{x}=\boldsymbol{0}$，得一个特征向量为$\boldsymbol{q}_2=(1,0,0)^{\mathrm{T}}$。

当$\lambda_3=5$时，求解方程组$(\boldsymbol{A}-\lambda_3\boldsymbol{E})\boldsymbol{x}=\boldsymbol{0}$,得一个特征向量为$\boldsymbol{q}_2=1/\sqrt{2}(0,1,1)^{\mathrm{T}}$。

令$\boldsymbol{Q}=(\boldsymbol{q}_1,\boldsymbol{q}_2,\boldsymbol{q}_3)$，作变换$\boldsymbol{X}=\boldsymbol{QY}$，则此变换即为正交变换，该二次型在此变换下的标准型为$f(y_1,y_2,y_3)=y_1^2+2y_2^2+5y_3^2$。

(3) 因为矩阵的特征值都是正的，故该二次型为正定二次型。

八、(1) 显然$\boldsymbol{H}$为实矩阵，又

$$\boldsymbol{H}^{\mathrm{T}}=(\boldsymbol{E}-2\boldsymbol{uu}^{\mathrm{T}})^{\mathrm{T}}=\boldsymbol{E}-2\boldsymbol{uu}^{\mathrm{T}}=\boldsymbol{H},$$
$$\boldsymbol{HH}^{\mathrm{T}}=\boldsymbol{H}^2=(\boldsymbol{E}-2\boldsymbol{uu}^{\mathrm{T}})(\boldsymbol{E}-2\boldsymbol{uu}^{\mathrm{T}})=\boldsymbol{E}$$

所以$\boldsymbol{H}$为实对称正交矩阵。

(2) 设$\boldsymbol{x}$是实对称矩阵正交矩阵$\boldsymbol{H}$的属于特征值λ的特征向量,则

$$\boldsymbol{x}^{\mathrm{T}}\boldsymbol{x}=\boldsymbol{x}^{\mathrm{T}}\boldsymbol{Ex}=\boldsymbol{x}^{\mathrm{T}}\boldsymbol{H}^{\mathrm{T}}\boldsymbol{Hx}=(\boldsymbol{Hx},\boldsymbol{Hx})=(\lambda\boldsymbol{x},\lambda\boldsymbol{x})=\lambda^2\boldsymbol{x}^{\mathrm{T}}\boldsymbol{x}$$

而$\boldsymbol{x}^{\mathrm{T}}\boldsymbol{x}\neq0$，则必有$\lambda=1$或$-1$。容易验证，$\boldsymbol{Hu}=-\boldsymbol{u}$，即$-1$是$\boldsymbol{H}$的一个特征值，设$\boldsymbol{v}$是和$\boldsymbol{u}$正交的非零向量，则有$\boldsymbol{Hv}=\boldsymbol{v}$，又$R(\boldsymbol{u})=1$，这种非零向量$\boldsymbol{v}$可以求出$n-1$个。所以1是$\boldsymbol{H}$的$n-1$重特征值。

(3) 由(2)可知$\boldsymbol{u}=\dfrac{1}{\sqrt{n}}(1,1,\cdots,1)^{\mathrm{T}}$是$\boldsymbol{H}$的属于特征值$-1$的一个特征向量，而方程组$x_1+x_2+\cdots+x_n=0$的一个基础解系即为属于特征值1的$n-1$个特征向量，比如

$\boldsymbol{\eta}_1=(-1,1,0,\cdots,0)^{\mathrm{T}},\eta_2=(-1,0,1,0,\cdots,0)^{\mathrm{T}},\cdots,\eta_{n-1}=(-1,0,\cdots,0,1)^{\mathrm{T}}$

即是属于特征值1的$n-1$个特征向量。

线性代数期末考试全真试题二解答

一、填空题

1. $\begin{pmatrix}1&1&1\\1&1&1\\1&1&1\end{pmatrix}$,3　　2. 0　　3. 0　　4. -2　　5. $\frac{1}{2}A$

二、选择题

1. C　　2. C　　3. D　　4. B　　5. C

三、

$$D=x\begin{vmatrix}1&-1&1&-1\\1&x-1&1&-1\\1&-1&x+1&-1\\1&-1&1&x-1\end{vmatrix}=x\begin{vmatrix}1&-1&1&-1\\0&x&0&0\\0&0&x&0\\0&0&0&x\end{vmatrix}=x^4$$

四、由方阵 $\boldsymbol{B}$ 满足矩阵方程 $\boldsymbol{AB}+\boldsymbol{A}=\boldsymbol{E}-\boldsymbol{B}$，可得

$$\boldsymbol{AB}+\boldsymbol{A}+\boldsymbol{B}+\boldsymbol{E}=2\boldsymbol{E}$$

即

$$\boldsymbol{A}(\boldsymbol{B}+\boldsymbol{E})+(\boldsymbol{B}+\boldsymbol{E})=2\boldsymbol{E}$$
$$(\boldsymbol{A}+\boldsymbol{E})(\boldsymbol{B}+\boldsymbol{E})=2\boldsymbol{E}$$

由

$$\boldsymbol{A}=\begin{pmatrix}1&0&0&0\\-2&3&0&0\\0&-4&5&0\\0&0&-6&7\end{pmatrix}$$

故

$$(\boldsymbol{B}+\boldsymbol{E})^{-1}=\frac{1}{2}(\boldsymbol{A}+\boldsymbol{E})=\begin{pmatrix}1&0&0&0\\-1&2&0&0\\0&-2&3&0\\0&0&-3&4\end{pmatrix}$$

五、以 $\boldsymbol{\alpha}_1,\boldsymbol{\alpha}_2,\cdots,\boldsymbol{\alpha}_5$ 为列，构成矩阵 $\boldsymbol{A}$ 并进行初等行变换。

$$\boldsymbol{A}=(\boldsymbol{\alpha}_1^{\mathrm{T}},\boldsymbol{\alpha}_2^{\mathrm{T}},\boldsymbol{\alpha}_3^{\mathrm{T}},\boldsymbol{\alpha}_4^{\mathrm{T}},\boldsymbol{\alpha}_5^{\mathrm{T}})=\begin{pmatrix}1&2&0&0&6\\1&0&2&1&1\\0&1&-1&-1&3\\1&3&-1&-1&9\end{pmatrix}\to\begin{pmatrix}1&2&0&0&6\\0&-1&1&0&-2\\0&0&0&1&-1\\0&0&0&0&0\end{pmatrix}$$

秩为 3；一个极大线性无关组为 $\boldsymbol{\alpha}_1,\boldsymbol{\alpha}_3$，$\boldsymbol{\alpha}_4$，且 $\boldsymbol{\alpha}_2=2\boldsymbol{\alpha}_1-\boldsymbol{\alpha}_3$，$\boldsymbol{\alpha}_5=6\boldsymbol{\alpha}_1-2\boldsymbol{\alpha}_3-\boldsymbol{\alpha}_4$。

六、对方程组的增广矩阵进行初等行变换

$$(\boldsymbol{A}\,|\,\boldsymbol{b})=\left(\begin{array}{cccc:c}1&1&1&1&0\\2&3&4&4&1\\0&-1&a-3&-2&b\\3&2&1&a&-1\end{array}\right)\xrightarrow[r_3-3r_1]{r_2-2r_1}\left(\begin{array}{cccc:c}1&1&1&1&0\\0&1&2&2&1\\0&-1&a-3&-2&b\\0&-1&-2&a-3&-1\end{array}\right)$$

$$\xrightarrow[r_4+r_2]{r_3+r_2}\left(\begin{array}{cccc:c}1&1&1&1&0\\0&1&2&2&1\\0&0&a-1&0&b+1\\0&0&0&a-1&0\end{array}\right)=\boldsymbol{B}$$

。显然可见：当 $a=1$，$b\neq-1$ 时方程组无解，当 $a\neq1$时方程组有唯一解，当 $a=1$，$b=-1$ 时方程组有无穷多组解。当 $a=1$，$b=-1$ 时继续将矩阵 $\boldsymbol{B}$ 化为行最简形得

$$\boldsymbol{B}=\left(\begin{array}{cccc:c}1&1&1&1&0\\0&1&2&2&1\\0&0&0&0&0\\0&0&0&0&0\end{array}\right)\xrightarrow{r_1-r_2}\left(\begin{array}{cccc:c}1&0&-1&-1&-1\\0&1&2&2&1\\0&0&0&0&0\\0&0&0&0&0\end{array}\right)$$

与原方程组等价的方程组为

$$\begin{cases}x_1=-1+x_3+x_4\\x_2=1-2x_3-2x_4\end{cases}$$

令 $\begin{pmatrix}x_3\\x_4\end{pmatrix}=\begin{pmatrix}0\\0\end{pmatrix}$，得原方程组的一个特解为 $\boldsymbol{\eta}=\begin{pmatrix}-1\\1\\0\\0\end{pmatrix}$。与原方程组对应的齐次方程组等价的方程组为

$$\begin{cases}x_1=x_3+x_4\\x_2=2x_3-2x_4\end{cases}$$

令 $\begin{pmatrix}x_3\\x_4\end{pmatrix}=\begin{pmatrix}1\\0\end{pmatrix},\begin{pmatrix}0\\1\end{pmatrix}$得齐次方程组的一个基础解系为 $\boldsymbol{\eta}_1=\begin{pmatrix}1\\-2\\1\\0\end{pmatrix},\boldsymbol{\eta}_2=\begin{pmatrix}1\\-2\\0\\1\end{pmatrix}$。

故原方程组有无穷多组解时的通解为 $\boldsymbol{X}=\boldsymbol{\eta}+k_1\boldsymbol{\eta}_1+k_2\boldsymbol{\eta}_2$，$k_1,k_2$为任意常数。

七、(1) 此二次型的矩阵 $\boldsymbol{A}=\begin{pmatrix}1&1&0\\1&1&0\\0&0&2\end{pmatrix}$

(2) 矩阵的特征多项式为 $f_A(\lambda)=|\boldsymbol{A}-\lambda\boldsymbol{E}|=\begin{vmatrix}1-\lambda&1&0\\1&1-\lambda&0\\0&0&2-\lambda\end{vmatrix}=-\lambda(\lambda-2)^2$

故矩阵 $\boldsymbol{A}$ 的三个特征值为 0,2(二重)。

当 $\lambda=2$ 时，求解方程组$(\boldsymbol{A}-\lambda\boldsymbol{E})\boldsymbol{X}=\boldsymbol{0}$，得两个线性无关的特征向量 $\boldsymbol{\eta}_1=\frac{1}{\sqrt{2}}(1,1,0)^{\mathrm{T}}$，$\boldsymbol{\eta}_2=(0,0,1)^{\mathrm{T}}$。

当 $\lambda=0$ 时，求解方程组 $(\boldsymbol{A}-\lambda\boldsymbol{E})\boldsymbol{X}=\boldsymbol{0}$，得特征向量 $\boldsymbol{\eta}_3=\frac{1}{\sqrt{2}}(-1,1,0)^{\mathrm{T}}$。

令 $\boldsymbol{Q}=(\boldsymbol{\eta}_1,\boldsymbol{\eta}_2,\boldsymbol{\eta}_3)$，作变换 $\boldsymbol{X}=\boldsymbol{QY}$ 即为正交变换，可将二次型化为标准型 $2y_1^2+2y_2^2+0y_3^2$。

(3) 由于矩阵 $\boldsymbol{A}$ 的特征值全部非负，故二次型为半正定的。

八、只需要证明方程组 $\boldsymbol{AX}=\mathbf{0}$ 与 $\boldsymbol{A}^{\mathrm{T}}\boldsymbol{AX}=\mathbf{0}$ 同解。

⇒设 $\boldsymbol{\alpha}$ 是方程组 $\boldsymbol{AX}=\mathbf{0}$ 的任一解，则 $\boldsymbol{A\alpha}=\mathbf{0}$，显然 $\boldsymbol{A}^{\mathrm{T}}\boldsymbol{A\alpha}=\boldsymbol{A}^{\mathrm{T}}(\boldsymbol{A\alpha})=\boldsymbol{A}^{\mathrm{T}}\mathbf{0}=\mathbf{0}$，则 $\boldsymbol{\alpha}$ 是方程组 $\boldsymbol{A}^{\mathrm{T}}\boldsymbol{AX}=\mathbf{0}$ 的解。即 $\boldsymbol{AX}=\mathbf{0}$ 的解都是 $\boldsymbol{A}^{\mathrm{T}}\boldsymbol{AX}=\mathbf{0}$ 的解。

⇐设 $\boldsymbol{\beta}$ 是方程组 $\boldsymbol{A}^{\mathrm{T}}\boldsymbol{AX}=\mathbf{0}$ 的任一解，即

$$\boldsymbol{A}^{\mathrm{T}}\boldsymbol{A\beta}=\mathbf{0} \tag{1}$$

式(1) 两边与 $\boldsymbol{\beta}$ 做内积得$(\boldsymbol{\beta},\boldsymbol{A}^{\mathrm{T}}\boldsymbol{A\beta})=(0,\boldsymbol{\beta})=0$

即

$$\boldsymbol{\beta}^{\mathrm{T}}\boldsymbol{A}^{\mathrm{T}}\boldsymbol{A\beta}=(\boldsymbol{A\beta})^{\mathrm{T}}(\boldsymbol{A\beta})=0$$

故有 $\boldsymbol{A\beta}=\mathbf{0}$，即 $\boldsymbol{\beta}$ 是方程组 $\boldsymbol{AX}=\mathbf{0}$ 的解。从而任何 $\boldsymbol{A}^{\mathrm{T}}\boldsymbol{AX}=\mathbf{0}$ 的解都是 $\boldsymbol{AX}=\mathbf{0}$ 的解。综上可知方程组 $\boldsymbol{AX}=\mathbf{0}$ 与方程组 $\boldsymbol{A}^{\mathrm{T}}\boldsymbol{AX}=\mathbf{0}$ 同解，故这两个方程组具有相同的基础解系，从而有 $R(\boldsymbol{A}^{\mathrm{T}}\boldsymbol{A})=R(\boldsymbol{A})$。

线性代数期末考试全真试题三解答

一、填空题

1. 0　　2. 0　　3. $k(0,1,-1)^{\mathrm{T}}(k\neq 0)$　　4. $3\boldsymbol{E}-\boldsymbol{A}$　　5. 32

二、选择题

1. A　　2. C　　3. D　　4. B　　5. D

三、按照第一列展开可得

$$D_{2n}=a\begin{vmatrix} a & 0 & 0 & \cdots & 0 & b & 0 \\ 0 & a & 0 & \cdots & b & 0 & 0 \\ & & & \cdots\cdots & & & \\ 0 & 0 & b & \cdots & a & 0 & 0 \\ 0 & b & 0 & \cdots & 0 & a & 0 \\ b & 0 & 0 & \cdots & 0 & 0 & a \end{vmatrix}+b\ (-1)^{2n+1}\begin{vmatrix} 0 & 0 & 0 & \cdots & 0 & 0 & b \\ a & 0 & 0 & \cdots & 0 & b & 0 \\ 0 & a & 0 & \cdots & b & 0 & 0 \\ & & & \cdots\cdots & & & \\ 0 & b & 0 & \cdots & a & 0 & 0 \\ b & 0 & 0 & \cdots & 0 & a & 0 \end{vmatrix}$$

上述两个 $2n-1$ 阶行列式再按照最后一列展开可得

$$D_{2n}=a^2D_{2n-2}-b^2D_{2n-2}=(a^2-b^2)D_{2n-2}=\cdots=(a^2-b^2)^{n-1}D_2=(a^2-b^2)^n$$

四、以 $\boldsymbol{\alpha}_1^{\mathrm{T}}$，$\boldsymbol{\alpha}_2^{\mathrm{T}}$，…，$\boldsymbol{\alpha}_5^{\mathrm{T}}$ 为列构成矩阵 $\boldsymbol{A}$ 并对其施行初等行变换，将其化为行阶梯形

$$\boldsymbol{A}=\begin{pmatrix} 1 & -1 & 2 & 1 & 0 \\ 2 & -2 & 4 & -1 & 0 \\ 3 & 0 & 6 & -1 & 1 \\ 0 & 3 & 0 & 0 & 1 \end{pmatrix}\xrightarrow[r_3-3r_1]{r_2-2r_1}\begin{pmatrix} 1 & -1 & 2 & 1 & 0 \\ 0 & 0 & 0 & -3 & 0 \\ 0 & 3 & 0 & 2 & 1 \\ 0 & 3 & 0 & 0 & 1 \end{pmatrix}\xrightarrow[\substack{r_4-r_3 \\ -\frac{1}{2}r_4}]{-\frac{1}{3}r_2}$$

$$\begin{pmatrix} 1 & -1 & 2 & 1 & 0 \\ 0 & 0 & 0 & 1 & 0 \\ 0 & 3 & 0 & 2 & 1 \\ 0 & 0 & 0 & 1 & 0 \end{pmatrix}\xrightarrow[r_4-r_3]{r_2\leftrightarrow r_3}\begin{pmatrix} 1 & -1 & 2 & 1 & 0 \\ 0 & 3 & 0 & 2 & 1 \\ 0 & 0 & 0 & 1 & 0 \\ 0 & 0 & 0 & 0 & 0 \end{pmatrix}\xrightarrow[r_1-r_3]{r_2-2r_3}\begin{pmatrix} 1 & -1 & 2 & 0 & 0 \\ 0 & 3 & 0 & 0 & 1 \\ 0 & 0 & 0 & 1 & 0 \\ 0 & 0 & 0 & 0 & 0 \end{pmatrix}$$

则显然可见 $\boldsymbol{V}$ 的一组基为 $\boldsymbol{\alpha}_1$，$\boldsymbol{\alpha}_4$，$\boldsymbol{\alpha}_5$，其维数为 3，$\boldsymbol{\alpha}_2$，$\boldsymbol{\alpha}_3$ 在这组基下的坐标分别为 $(-1,0,3)$，$(2,0,0)$。

五、显然可见 $\boldsymbol{A}=\begin{pmatrix} 1 & 2 & 0 \\ 0 & 1 & 0 \\ 0 & 1 & 3 \end{pmatrix}$ 可逆，记 $\boldsymbol{B}=\begin{pmatrix} 2 & -1 \\ 2 & 3 \\ 3 & -2 \end{pmatrix}$，对矩阵（$\boldsymbol{AB}$）施行初等行变换得

$$(\boldsymbol{AB})=\begin{pmatrix} 1 & 2 & 0 & 2 & -1 \\ 0 & 1 & 0 & 2 & 3 \\ 0 & 1 & 3 & 3 & -2 \end{pmatrix}\xrightarrow[r_1-2r_2]{r_3-r_2}\begin{pmatrix} 1 & 0 & 0 & -2 & -7 \\ 0 & 1 & 0 & 2 & 3 \\ 0 & 0 & 3 & 1 & -5 \end{pmatrix}$$

$$\xrightarrow{\frac{1}{3}r_3}\begin{pmatrix} 1 & 0 & 0 & -2 & -7 \\ 0 & 1 & 0 & 2 & 3 \\ 0 & 0 & 1 & \frac{1}{3} & -\frac{5}{3} \end{pmatrix}\text{故 }\boldsymbol{X}=\begin{pmatrix} -2 & -7 \\ 2 & 3 \\ \frac{1}{3} & -\frac{5}{3} \end{pmatrix}。$$

六、对方程组的增广矩阵进行初等行变换

$$(\boldsymbol{A}\mid\boldsymbol{b})=\left(\begin{array}{cccc:c}1&1&1&1&0\\1&2&3&3&1\\0&-1&-2&-2&b\\3&1&-1&-1&b-1\end{array}\right)\xrightarrow[r_4-3r_1]{r_2-r_1}\left(\begin{array}{cccc:c}1&1&1&1&0\\0&1&2&2&1\\0&-1&-2&-2&b\\0&-2&-4&-4&b-1\end{array}\right)$$

$$\xrightarrow[r_4-r_3]{\substack{r_3+r_2\\r_4+2r_2}}\left(\begin{array}{cccc:c}1&1&1&1&0\\0&1&2&2&1\\0&0&0&0&b+1\\0&0&0&0&0\end{array}\right)=\boldsymbol{B}$$

显然可见：当 $b\neq-1$ 时方程组无解，当 $b=-1$ 时方程组有无穷多组解。当 $b=-1$ 时继续将矩阵 $\boldsymbol{B}$ 化为行最简形得

$$\boldsymbol{B}=\left(\begin{array}{cccc:c}1&1&1&1&0\\0&1&2&2&1\\0&0&0&0&0\\0&0&0&0&0\end{array}\right)\xrightarrow{r_1-r_2}\left(\begin{array}{cccc:c}1&0&-1&-1&-1\\0&1&2&2&1\\0&0&0&0&0\\0&0&0&0&0\end{array}\right)$$

与原方程组等价的方程组为

$$\begin{cases}x_1=-1+x_3+\ x_4\\x_2=1-2x_3-2x_4\end{cases}$$

令 $\begin{pmatrix}x_3\\x_4\end{pmatrix}=\begin{pmatrix}0\\0\end{pmatrix}$，得原方程组的一个特解为 $\boldsymbol{\eta}=\begin{pmatrix}-1\\1\\0\\0\end{pmatrix}$。与原方程组对应的齐次方程组等价的方程组为 $\begin{cases}x_1=x_3+\ x_4\\x_2=2x_3-2x_4\end{cases}$

令 $\begin{pmatrix}x_3\\x_4\end{pmatrix}=\begin{pmatrix}1\\0\end{pmatrix}$，$\begin{pmatrix}0\\1\end{pmatrix}$ 得齐次方程组的一个基础解系为 $\boldsymbol{\eta}_1=\begin{pmatrix}1\\-2\\1\\0\end{pmatrix}$，$\boldsymbol{\eta}_2=\begin{pmatrix}1\\-2\\0\\1\end{pmatrix}$。

故原方程组有无穷多组解时的通解为 $\boldsymbol{X}=\boldsymbol{\eta}+k_1\boldsymbol{\eta}_1+k_2\boldsymbol{\eta}_2$，$k_1$，$k_2$ 为任意常数。

七、(1) 此二次型的矩阵 $\boldsymbol{A}=\begin{pmatrix}1&2&0\\2&4&0\\0&0&2\end{pmatrix}$，

(2) 二次型的特征多项式为 $f_A(\lambda)=\begin{vmatrix}1-\lambda&2&0\\2&4-\lambda&0\\0&0&2-\lambda\end{vmatrix}=(2-\lambda)\lambda(\lambda-5)$

显然其三个特征值分别为 2,0,5。

当 $\lambda=2$ 时，求解方程组 $(\boldsymbol{A}-\lambda\boldsymbol{E})\boldsymbol{X}=\boldsymbol{0}$，得其特征向量 $\boldsymbol{\eta}_1=(0,0,1)^{\mathrm{T}}$，当 $\lambda=5$ 时，

求解方程组$(\boldsymbol{A}-\lambda\boldsymbol{E})\boldsymbol{X}=\boldsymbol{0}$，得其特征向量$\boldsymbol{\eta}_2=\frac{1}{\sqrt{5}}(1,2,0)^{\mathrm{T}}$，当$\lambda=0$时，求解方程组$(\boldsymbol{A}-\lambda\boldsymbol{E})\boldsymbol{X}=\boldsymbol{0}$，得其特征向量$\boldsymbol{\eta}_3=\frac{1}{\sqrt{5}}(2,-1,0)^{\mathrm{T}}$。

令$\boldsymbol{Q}=(\boldsymbol{\eta}_1,\boldsymbol{\eta}_2,\boldsymbol{\eta}_3)$，作变换$\boldsymbol{X}=\boldsymbol{QY}$即为正交变换，可将二次型化为标准型$2y_1^2+5y_2^2+0y_3^2$。

(3) 此二次曲面是一个椭圆柱面。

八、因$\boldsymbol{A}$，$\boldsymbol{B}$均为实正交矩阵且$|\boldsymbol{A}|<0$，$|\boldsymbol{B}|>0$，则有$|\boldsymbol{A}|=-1$，$|\boldsymbol{B}|=1$且$\boldsymbol{AA}^{\mathrm{T}}=\boldsymbol{A}^{\mathrm{T}}\boldsymbol{A}=\boldsymbol{BB}^{\mathrm{T}}=\boldsymbol{B}^{\mathrm{T}}\boldsymbol{B}=\boldsymbol{E}$

$|\boldsymbol{A}+\boldsymbol{B}|=|\boldsymbol{A}(\boldsymbol{E}+\boldsymbol{A}^{\mathrm{T}}\boldsymbol{B})|=|\boldsymbol{A}(\boldsymbol{B}^{\mathrm{T}}+\boldsymbol{A}^{\mathrm{T}})\boldsymbol{B}|=|\boldsymbol{A}||\boldsymbol{B}||(\boldsymbol{A}+\boldsymbol{B})^{\mathrm{T}}|=-|\boldsymbol{A}+\boldsymbol{B}|$，故$|\boldsymbol{A}+\boldsymbol{B}|=0$。

九、设$\boldsymbol{A}$不可逆，则齐次方程组$\boldsymbol{Ax}=0$有非零解$\boldsymbol{x}=(x_1, x_2, \cdots, x_n)$，记$|x_k|=\max\{|x_1|, |x_2|, \cdots, |x_n|\}$，则由第$k$方程可得$|a_{kk}||x_k|=|-\sum\limits_{j\neq k}a_{kj}x_j|\leqslant\sum\limits_{j\neq k}|a_{kj}||x_j|$，上式两边同除以$|x_k|$得$|a_{kk}|\leqslant\sum\limits_{j\neq k}|a_{kj}||x_j|/|x_k|\leqslant\sum\limits_{j\neq k}|a_{kj}|$，矛盾于强对角占优矩阵定义，得证。

线性代数期末考试全真试题四解答

一、填空题

1. 20　2. n　3. -3　4. 1　5. 2

二、选择题

1. C　2. C　3. D　4. A　5. B

三、按第一行展开，得原式$=(a_1b_1-c_1d_1)(a_2b_2-c_2d_2)$

四、
$$(\boldsymbol{A}-2\boldsymbol{E})\boldsymbol{X}=\boldsymbol{A}$$

$$\boldsymbol{X}=(\boldsymbol{A}-2\boldsymbol{E})^{-1}\boldsymbol{A}$$

$$=\begin{pmatrix}1&-4&-3\\1&-5&-3\\-1&6&4\end{pmatrix}\begin{pmatrix}4&2&3\\1&1&0\\-1&2&3\end{pmatrix}=\begin{pmatrix}3&-8&-6\\2&-9&-6\\-2&12&9\end{pmatrix}$$

五、以$\boldsymbol{\alpha}_1$，$\boldsymbol{\alpha}_2$，$\boldsymbol{\alpha}_3$，$\boldsymbol{\alpha}_4$作为列向量排成矩阵，并作行变换：

$$(\boldsymbol{\alpha}_1,\boldsymbol{\alpha}_2,\boldsymbol{\alpha}_3,\boldsymbol{\alpha}_4)=\begin{pmatrix}1&4&1&2\\2&-1&-3&1\\1&-5&-4&-1\\3&-6&-7&0\end{pmatrix}\rightarrow\begin{pmatrix}1&0&-\frac{11}{9}&\frac{2}{3}\\0&1&\frac{5}{9}&\frac{1}{3}\\0&0&0&0\\0&0&0&0\end{pmatrix}$$

向量组的秩为 2；一个极大线性无关组为$\boldsymbol{\alpha}_1$，$\boldsymbol{\alpha}_2$；$\boldsymbol{\alpha}_3=-\frac{11}{9}\boldsymbol{\alpha}_1+\frac{5}{9}\boldsymbol{\alpha}_2$，$\boldsymbol{\alpha}_4=\frac{2}{3}\boldsymbol{\alpha}_1+\frac{1}{3}\boldsymbol{\alpha}_2$

六、对增广矩阵进行初等行变换，将它化为阶梯形矩阵，发现$R(\overline{\boldsymbol{A}})=R(\boldsymbol{A})=2<n=4$，方程组有无穷多解。此时将$\overline{\boldsymbol{A}}$化为简化阶梯形

$$\overline{\boldsymbol{A}}\rightarrow\boldsymbol{W}=\left(\begin{array}{c:cccc}1&0&-1&-1&-1\\0&1&2&2&1\\0&0&0&0&0\\0&0&0&0&0\end{array}\right)$$

则其对应的齐次方程组的基础解系和它本身的一个特解分别为

$$\boldsymbol{\alpha}_1=\begin{pmatrix}1\\-2\\1\\0\end{pmatrix},\ \boldsymbol{\alpha}_2=\begin{pmatrix}1\\-2\\0\\1\end{pmatrix},\ \boldsymbol{X}_0=\begin{pmatrix}-1\\1\\0\\0\end{pmatrix}$$

非齐次线性方程组的通解为

$$\boldsymbol{X}=k_1\begin{pmatrix}1\\-2\\1\\0\end{pmatrix}+k_2\begin{pmatrix}1\\-2\\0\\1\end{pmatrix}+\begin{pmatrix}-1\\1\\0\\0\end{pmatrix}$$

其中 k_1，k_2 为任意实数。

七、(1) $A=\begin{pmatrix} 2 & 0 & -2 \\ 0 & 4 & 0 \\ -2 & 0 & 5 \end{pmatrix}$

(2) $|A-\lambda E|=(4-\lambda)(\lambda-1)(\lambda-6)$，得特征值 1,4,6。

对于 $\lambda=1$，得单位特征向量：$\boldsymbol{\eta}_1=\left(\frac{2}{\sqrt{5}},0,\frac{1}{\sqrt{5}}\right)^{\mathrm{T}}$

对于 $\lambda=4$，得单位特征向量：$\boldsymbol{\eta}_2=(0,1,0)^{\mathrm{T}}$；对于 $\lambda=6$，得单位特征向量：$\boldsymbol{\eta}_3=\left(\frac{1}{\sqrt{5}},0,-\frac{2}{\sqrt{5}}\right)^{\mathrm{T}}$

取正交变换 $X=PY=\begin{pmatrix} \frac{2}{\sqrt{5}} & 0 & \frac{1}{\sqrt{5}} \\ 0 & 1 & 0 \\ \frac{1}{\sqrt{5}} & 0 & -\frac{2}{\sqrt{5}} \end{pmatrix}\begin{pmatrix} y_1 \\ y_2 \\ y_3 \end{pmatrix}$。则 $f=y_1^2+4y_2^2+6y_3^2$。

(3) 因为特征值都大于 0，所以二次型是正定二次型

八、对任意 $X,Y\in V,k\in R$，

$\sigma(X+Y)=A(X+Y)-(X+Y)A=AX+AY-XA-YA=(AX-XA)+(AY-YA)=\sigma(X)+\sigma(Y)$，$\sigma(kX)=A(kX)-(kX)A=k(AX-XA)=k\sigma(X)$

故 σ 是一个线性变换。

线性代数期末考试全真试题五解答

一、填空题

1.0　　2. $abc\neq 0$　　3. 20　　4. 1　　5. $\begin{pmatrix}2&0\\0&3\end{pmatrix}$

二、选择题

1. C　　2. C　　3. D　　4. C　　5. C

三、将第三行的（−1）倍分别加到其他行，得

$$\text{原式}=\begin{vmatrix}-2&0&0&\cdots&0\\0&-1&0&\cdots&0\\3&3&3&\cdots&0\\\cdots&\cdots&\cdots&\cdots&\cdots\\0&0&0&\cdots&n-3\end{vmatrix}=\begin{vmatrix}-2&0&0&\cdots&0\\0&-1&0&\cdots&0\\0&0&3&\cdots&3\\\cdots&\cdots&\cdots&\cdots&\cdots\\0&0&0&\cdots&n-3\end{vmatrix}=6(n-3)!$$

四、由 $\boldsymbol{Ax}=\boldsymbol{A}+2\boldsymbol{x}$，得$(\boldsymbol{A}-2\boldsymbol{E})\boldsymbol{x}=\boldsymbol{A}$

因为$|\boldsymbol{A}-2\boldsymbol{E}|=1\neq 0$，所以 $\boldsymbol{A}-2\boldsymbol{E}$ 可逆，因此 $\boldsymbol{x}=(\boldsymbol{A}-2\boldsymbol{E})^{-1}\boldsymbol{A}$

由

$$\boldsymbol{A}-2\boldsymbol{E}=\begin{pmatrix}1&1&1\\0&1&2\\0&1&3\end{pmatrix}\text{知，}(\boldsymbol{A}-2\boldsymbol{E})^{-1}=\begin{pmatrix}1&-2&1\\0&3&-2\\0&-1&1\end{pmatrix}$$

所以 $\boldsymbol{x}=\begin{pmatrix}1&-2&1\\0&3&-2\\0&-1&1\end{pmatrix}\begin{pmatrix}3&1&1\\0&3&2\\0&1&5\end{pmatrix}=\begin{pmatrix}3&-4&2\\0&7&-4\\0&-2&3\end{pmatrix}$

五、以 $\boldsymbol{\alpha}_1$，$\boldsymbol{\alpha}_2$，$\boldsymbol{\alpha}_3$，$\boldsymbol{\alpha}_4$作为列向量排成矩阵，并作行变换：

$$(\boldsymbol{\alpha}_1,\boldsymbol{\alpha}_2,\boldsymbol{\alpha}_3,\boldsymbol{\alpha}_4)\to\begin{pmatrix}1&3&1&-1\\2&-1&-1&4\\5&1&-1&7\\2&6&2&-3\end{pmatrix}\to\begin{pmatrix}1&3&1&-1\\0&7&3&-6\\0&0&0&1\\0&0&0&0\end{pmatrix}$$

$$\to\begin{pmatrix}1&3&1&0\\0&7&3&0\\0&0&0&1\\0&0&0&0\end{pmatrix}\to\begin{pmatrix}1&0&-\frac{2}{7}&0\\0&1&\frac{3}{7}&0\\0&0&0&1\\0&0&0&0\end{pmatrix}$$

可知 $\boldsymbol{\alpha}_1$，$\boldsymbol{\alpha}_2$，$\boldsymbol{\alpha}_3$，$\boldsymbol{\alpha}_4$的秩为 3，$\boldsymbol{\alpha}_1$，$\boldsymbol{\alpha}_2$，$\boldsymbol{\alpha}_4$为其一个极大无关组，且 $\boldsymbol{\alpha}_3=-\frac{2}{7}\boldsymbol{\alpha}_1+\frac{3}{7}\boldsymbol{\alpha}_2$

六、用初等行变换化增广矩阵

$$\begin{pmatrix}1&0&-1&1&2\\1&-1&2&1&1\\2&-1&1&2&3\\3&-1&0&3&5\end{pmatrix}\to\begin{pmatrix}1&0&-1&1&2\\0&1&-3&0&1\\0&0&0&0&0\\0&0&0&0&0\end{pmatrix}$$

得同解方程组

$$\begin{cases}x_1=2+x_3-x_4\\x_2=1+3x_3\end{cases}$$

所以方程组的通解为

$$\begin{pmatrix}2\\1\\0\\0\end{pmatrix}+c_1\begin{pmatrix}1\\3\\1\\0\end{pmatrix}+c_2\begin{pmatrix}-1\\0\\0\\1\end{pmatrix}\text{（其中 }c_1\text{，}c_2\text{是任意常数）}$$

七、(1) $\boldsymbol{A}=\begin{pmatrix}1-a&1+a&0\\1+a&1-a&0\\0&0&2\end{pmatrix}$，$|\boldsymbol{A}|=\begin{vmatrix}1-a&1+a&0\\1+a&1-a&0\\0&0&2\end{vmatrix}=0$，$a=0$，

(2) 由上式，$\boldsymbol{A}=\begin{pmatrix}1&1&0\\1&1&0\\0&0&2\end{pmatrix}$，为求其特征值，令$|\boldsymbol{A}-\lambda\boldsymbol{E}|=0$，得

$$\lambda_1=\lambda_2=2,\ \lambda_3=0$$

针对每个特征值，分别求其特征向量。

对$\lambda_1=\lambda_2=2$，令 $(\boldsymbol{A}-2\boldsymbol{E})\boldsymbol{X}=\boldsymbol{0}$，得基础解系 $\boldsymbol{\alpha}_1=(1,1,0)$，$\boldsymbol{\alpha}_2=(0,0,1)$。

对$\lambda_3=0$，令 $(\boldsymbol{A}-0\boldsymbol{E})\boldsymbol{X}=\boldsymbol{0}$，得基础解系 $\boldsymbol{\alpha}_3=(1,-1,0)$。

因 $\boldsymbol{\alpha}_1,\boldsymbol{\alpha}_2$正交，故只需要将 $\boldsymbol{\alpha}_1,\boldsymbol{\alpha}_2,\boldsymbol{\alpha}_3$单位化，得

$\boldsymbol{\eta}_1=\frac{1}{\sqrt{2}}(1,1,0)^{\mathrm{T}}$，$\boldsymbol{\eta}_2=(0,0,1)^{\mathrm{T}}$，$\boldsymbol{\eta}_3=\frac{1}{\sqrt{2}}(1,-1,0)^{\mathrm{T}}$，则 $\boldsymbol{Q}=(\boldsymbol{\eta}_1,\boldsymbol{\eta}_2,\boldsymbol{\eta}_3)$ 作正交变换 $\boldsymbol{X}=\boldsymbol{QY}$，得标准型为 $f(x_1,x_2,x_3)=2y_1^2+2y_2^2$。

八、因$(\boldsymbol{\beta}_1,\boldsymbol{\beta}_2,\boldsymbol{\beta}_3)=(\boldsymbol{\alpha}_1,\boldsymbol{\alpha}_2,\boldsymbol{\alpha}_3)\boldsymbol{A}=(\boldsymbol{\alpha}_1,\boldsymbol{\alpha}_2,\boldsymbol{\alpha}_3)\begin{pmatrix}1&-1&0\\0&1&-1\\0&0&1\end{pmatrix}=(\boldsymbol{\alpha}_1,-\boldsymbol{\alpha}_1+\boldsymbol{\alpha}_2,-\boldsymbol{\alpha}_2+\boldsymbol{\alpha}_3)$

故 $\boldsymbol{\beta}_1=(1,0,0)^{\mathrm{T}}$，$\boldsymbol{\beta}_2=(0,1,0)^{\mathrm{T}}$，$\boldsymbol{\beta}_3=(0,0,1)^{\mathrm{T}}$

而 $\boldsymbol{\alpha}=-\boldsymbol{\alpha}_1-2\boldsymbol{\alpha}_2+5\boldsymbol{\alpha}_3=(2,3,5)^{\mathrm{T}}=2\boldsymbol{\beta}_1+3\boldsymbol{\beta}_2+5\boldsymbol{\beta}_3$，即 $\boldsymbol{\alpha}$ 在新基 $\boldsymbol{\beta}_1$，$\boldsymbol{\beta}_2$，$\boldsymbol{\beta}_3$下的坐标为(2,3,5)。

部分习题与自测题参考答案

第一章

习　题

1. 计算行列式

（1）1；　（2）0；　（3）$a_{14}a_{23}(a_{32}a_{41}-a_{31}a_{42})$；　（4）$abcd+ab+cd+ad+1$。

2. 计算行列式

（1）$-2(a^3+b^3)$；　（2）0；　（3）160；　（4）x^4+4x^3。

4.（1）1　；（2）2。

5.（1）$x^n+(-1)^{n+1}y^n$；　（2）$(-1)^{n-1}m^{n-1}(x_1+x_2+\cdots+x_n-m)$；

（3）$(-1)^{n-1}\dfrac{(n+1)!}{2}$；

（4）（提示：依最后一列展开）$1+(-1)a_1+(-1)^2a_1a_2+\cdots+(-1)^na_1a_2\cdots a_n$。

7.（1）12；　（2）$(a+b+c)(b-a)(c-a)(c-b)$。

8.（1，−1，0，2）。　**9.** $k_1=-1$，$k_2=4$。　**10.** $a_0=1$，$a_1=-4$，$a_2=2$。

自测题

1.（1）6；　（2）32；　（3）（D）；　（4）（C）。

2.（1）化上三角，−117；　（2）$[x+(n-1)a](x-a)^{n-1}$；

（3）按第一行展开，得到$=2D_{n-1}-D_{n-2}$，于是递推可得 $D_n=(n+1)$。

3. 提示：可以手工计算（有一定计算量），也可利用 MATLAB 计算行列式，甚至还可借助已有的 MATLAB 函数命令 polyfit 更简捷地求解，得 $a_0=7$，$a_1=0$，$a_2=-5$,$a_3=2$。

第二章

习　题

1. $\begin{pmatrix}-3 & 11 & 3\\ -2 & -6 & 5\\ -3 & 22 & 8\end{pmatrix}$；　$\begin{pmatrix}-3 & -5 & -24\\ -24 & 11 & -34\\ -7 & 14 & -19\end{pmatrix}$。

2.（1）$\begin{pmatrix}2 & 10\\ 10 & 7\end{pmatrix}$；　（2）$\begin{pmatrix}5\\ 1\\ 1\end{pmatrix}$；　（3）$\begin{pmatrix}-1 & 1 & 0 & 2\\ -2 & 2 & 0 & 4\\ -3 & 3 & 0 & 6\\ -4 & 4 & 0 & 8\end{pmatrix}$；

（4）18；　（5）$\sum_{i,j=1}^{3} a_{ij}x_ix_j$。

3. （1）$\begin{pmatrix} \cos 2\theta & -\sin 2\theta \\ \sin 2\theta & \cos 2\theta \end{pmatrix}$；　（2）$\begin{pmatrix} 1 & 3 \\ 0 & 1 \end{pmatrix}$；　（3）$\begin{pmatrix} a^3 & 3a^2 & 3a & 1 \\ 0 & a^3 & 3a^2 & 3a \\ 0 & 0 & a^3 & 3a^2 \\ 0 & 0 & 0 & a^3 \end{pmatrix}$。

4. $\begin{pmatrix} a & b \\ c & d \end{pmatrix}$，其中 $a-d=0$，$c=0$，b 为任意常数。

7. $\begin{cases} z_1=-4x_1+6x_2-2x_3 \\ z_2=2x_1-2x_3 \end{cases}$。

10. （1）$\begin{pmatrix} \frac{1}{3} & 0 & \frac{1}{3} \\ \frac{2}{5} & -\frac{1}{5} & 0 \\ \frac{2}{15} & -\frac{2}{5} & \frac{1}{3} \end{pmatrix}$；　（2）$\begin{pmatrix} 1 & 0 & 0 & 0 \\ -1 & 1 & -1 & 0 \\ 0 & 0 & 1 & 0 \\ 0 & 0 & -1 & 1 \end{pmatrix}$。

12. $(\boldsymbol{A}+\boldsymbol{E})(\boldsymbol{A}-\boldsymbol{E})=-2(\boldsymbol{A}+\boldsymbol{E})\boldsymbol{X}$，因为 $\boldsymbol{A}+\boldsymbol{E}$ 可逆，所以

$$\boldsymbol{X}=-\frac{1}{2}(\boldsymbol{A}-\boldsymbol{E})=\begin{pmatrix} -1 & 0 & 0 & 0 \\ 1 & -2 & 0 & 0 \\ 0 & 2 & -3 & 0 \\ 0 & 0 & 3 & -4 \end{pmatrix}。$$

13. $\begin{pmatrix} -3 & 1 & 1 \\ -4 & 1 & 2 \\ -8 & 3 & 2 \end{pmatrix}$；$\begin{pmatrix} -3 & 1 & 1 \\ -8 & 3 & 2 \\ -4 & 1 & 2 \end{pmatrix}$。

14. $-\frac{16}{27}$。

15. （1）$\begin{pmatrix} \frac{1}{4} & \frac{1}{4} & \frac{1}{4} \\ -\frac{3}{4} & \frac{1}{4} & \frac{1}{4} \\ -\frac{1}{2} & \frac{1}{2} & -\frac{1}{2} \end{pmatrix}$；　（2）$\begin{pmatrix} -\frac{1}{2} & 0 & 0 & -\frac{1}{2} \\ \frac{1}{2} & -\frac{1}{2} & 0 & 0 \\ 0 & \frac{1}{2} & -\frac{1}{2} & 0 \\ 0 & 0 & \frac{1}{2} & -\frac{1}{2} \end{pmatrix}$；

（3）$\begin{pmatrix} 1 & -a & 0 & 0 \\ 0 & 1 & -a & 0 \\ 0 & 0 & 1 & -a \\ 0 & 0 & 0 & 1 \end{pmatrix}$。

16. （1）右乘$\begin{pmatrix} 0 \\ 1 \\ 0 \end{pmatrix}$；　（2）左乘 $(1\quad 0\quad 0)$；

（3）左乘$\begin{pmatrix}1&0&0\\0&1&0\end{pmatrix}$；　（4）左乘（1　1　1），右乘$\begin{pmatrix}1\\1\\1\end{pmatrix}$。

17. $\begin{pmatrix}5&-2&-1\\-2&2&0\\-1&0&1\end{pmatrix}$。　**18.**（1）$\begin{pmatrix}9\\\frac{7}{3}\\-\frac{11}{3}\end{pmatrix}$；　（2）只有零解。

19.（1）$\begin{pmatrix}1&4\\2&5\\3&6\end{pmatrix}$；　（2）$\begin{pmatrix}2&-\frac{11}{7}&\frac{10}{7}\\-1&\frac{19}{7}&-\frac{9}{7}\end{pmatrix}$。

自测题

1.（1）$\boldsymbol{A}^{-1}=\begin{pmatrix}0&0&0&\frac{1}{4}\\0&0&\frac{1}{3}&0\\0&\frac{1}{2}&0&0\\1&0&0&0\end{pmatrix}$；　（2）$\frac{1}{9}$；　（3）（B）；　（4）（B）。

2. $5^{n-1}\boldsymbol{A}$。　**3.** $\boldsymbol{B}=\boldsymbol{A}-\boldsymbol{A}^{-1}=\begin{pmatrix}0&2&1\\0&0&0\\0&0&0\end{pmatrix}$。

第三章

习　题

1.（6,11,−2）。　**2.**（1，2，3，4）。　**3.**（1）相关；　（2）无关。

4. $\boldsymbol{\beta}=(b_1-b_2)\boldsymbol{\alpha}_1+(b_2-b_3)\boldsymbol{\alpha}_2+(b_3-b_4)\boldsymbol{\alpha}_3+b_4\boldsymbol{\alpha}_4$。

9.（1）秩为 3，$\boldsymbol{\alpha}_1,\boldsymbol{\alpha}_2,\boldsymbol{\alpha}_3,\boldsymbol{\alpha}_4=5\boldsymbol{\alpha}_2-3\boldsymbol{\alpha}_1-\boldsymbol{\alpha}_3$；

（2）秩为 2，$\boldsymbol{\alpha}_1,\boldsymbol{\alpha}_2,\boldsymbol{\alpha}_3=\frac{5}{9}\boldsymbol{\alpha}_2-\frac{11}{9}\boldsymbol{\alpha}_1$，$\boldsymbol{\alpha}_4=\frac{2}{3}\boldsymbol{\alpha}_1+\frac{1}{3}\boldsymbol{\alpha}_2$。

10.（1）秩为 3；　（2）秩为 3。　**11.** $\boldsymbol{V}_1$ 是 $\boldsymbol{R}^n$ 的子空间；$\boldsymbol{V}_2$ 不是 $\boldsymbol{R}^n$ 的子空间。

12. $\boldsymbol{\alpha}_1,\boldsymbol{\alpha}_2$ 或 $\boldsymbol{\alpha}_2,\boldsymbol{\alpha}_3$ 或 $\boldsymbol{\alpha}_1$，$\boldsymbol{\alpha}_3$。**13.** 坐标为（−1,2,1）。

14.（1）$k=1,5$；　（2）$k=\pm1$。

15. $\boldsymbol{\eta}_1=\left(\frac{3}{5},0,\frac{4}{5}\right)$，$\boldsymbol{\eta}_2=\left(-\frac{4}{5},0,\frac{3}{5}\right)$，$\boldsymbol{\eta}_3=(0,1,0)$。

16. $\boldsymbol{X}=\left(\frac{1}{\sqrt{2}},0,\frac{-1}{\sqrt{2}}\right)$或$\boldsymbol{X}=\left(-\frac{1}{\sqrt{2}},0,\frac{1}{\sqrt{2}}\right)$。**18.**（1）是；　（2）不是。

自测题

1. （1）5；　（2）$k\neq -1$；　（3）$a=-3$ 或 $a=0$；　（4）（B）；　（5）（C）。

2. 秩等于 3，$\boldsymbol{\alpha}_1,\boldsymbol{\alpha}_2,\boldsymbol{\alpha}_4$是极大线性无关组，且 $\boldsymbol{\alpha}_3=2\boldsymbol{\alpha}_1+\boldsymbol{\alpha}_2$，$\boldsymbol{\alpha}_5=\boldsymbol{\alpha}_1-\boldsymbol{\alpha}_2+2\boldsymbol{\alpha}_4$。

3. 提示：对 $\boldsymbol{A}=\begin{pmatrix}1&1&1&4\\2&0&2&1\\3&1&t&5\end{pmatrix}$作初等行变换，得到 $\begin{pmatrix}1&1&1&4\\0&-2&0&-7\\0&0&t-3&0\end{pmatrix}$，当 $t=3$ 时，$\boldsymbol{\beta}_1,\boldsymbol{\beta}_2$可由 $\boldsymbol{\alpha}_1,\boldsymbol{\alpha}_2$线性表示，且线性表示方法为 $\boldsymbol{\beta}_1=\boldsymbol{\alpha}_1$，$\boldsymbol{\beta}_2=\frac{1}{2}\boldsymbol{\alpha}_1+\frac{7}{2}\boldsymbol{\alpha}_2$，而且这个表示是可逆的，从而此时两向量组等价。

4. 提示：转化为求矩阵$(\boldsymbol{\beta}_1,\boldsymbol{\beta}_2,\boldsymbol{\beta}_3,\boldsymbol{\beta}_4)$的秩。秩等于 3，$\boldsymbol{\beta}_1,\boldsymbol{\beta}_2,\boldsymbol{\beta}_4$为极大无关组。

第四章

习　　题

1. （1）$\begin{pmatrix}4\\-9\\4\\3\end{pmatrix}$；$k\begin{pmatrix}4\\-9\\4\\3\end{pmatrix}$，$k$ 为任意常数；

（2）$\begin{pmatrix}-\frac{3}{2}\\\frac{7}{2}\\1\\0\end{pmatrix}$，$\begin{pmatrix}-1\\-2\\0\\1\end{pmatrix}$；$k_1\begin{pmatrix}-\frac{3}{2}\\\frac{7}{2}\\1\\0\end{pmatrix}+k_2\begin{pmatrix}-1\\-2\\0\\1\end{pmatrix}$，$k_1,k_2$ 为任意常数；

（3）只有唯一零解。

2. 是。

4. （1）$\begin{pmatrix}8\\0\\0\\-10\end{pmatrix}+k_1\begin{pmatrix}-9\\1\\0\\11\end{pmatrix}+k_2\begin{pmatrix}-4\\0\\1\\5\end{pmatrix}$，$k_1,k_2$ 为任意常数；　（2）无解。

5. $\lambda=-2$ 时无解，$\lambda\neq -2$，1 时有唯一解，$\lambda=1$ 时有无穷多解，全部解为

$$\begin{pmatrix}1\\0\\0\end{pmatrix}+k_1\begin{pmatrix}-1\\1\\0\end{pmatrix}+k_2\begin{pmatrix}-1\\0\\1\end{pmatrix}，k_1,k_2 \text{ 为任意常数。}$$

6. $a=1$，$b\neq\frac{1}{2}$时无解，$a=1$，$b=\frac{1}{2}$时有无穷多解，其通解为$\begin{pmatrix}2\\2\\0\end{pmatrix}+k\begin{pmatrix}-1\\0\\1\end{pmatrix}$，$k$ 为任意常数；$b=0$ 时无解，$a\neq 1$，$b\neq 0$ 时有唯一解，解为

$$x_1=\frac{1-2b}{b(1-a)},\quad x_2=\frac{1}{b},\quad x_3=\frac{4b-2ab-1}{b(1-a)}$$

7. （1）$a=-1$，且 $b\neq 0$；　（2）$a\neq -1$。

自测题

1. （1）$\boldsymbol{A}$ 可逆；　（2）$a=-\frac{1}{6}$；　（3）（C）；　（4）（D）。

2. 利用初等行变换得知，当且仅当 $\sum_{i=1}^{5}a_i=0$ 时，$R(\overline{\boldsymbol{A}})=R(\boldsymbol{A})=4$，故所给方程组有解的充要条件是 $\sum_{i=1}^{5}a_i=0$。原方程组的通解为

$$\boldsymbol{X}=k\begin{pmatrix}1\\1\\1\\1\\1\end{pmatrix}+\begin{pmatrix}a_1+a_2+a_3+a_4\\a_2+a_3+a_4\\a_3+a_4\\a_4\\0\end{pmatrix}$$

其中 k 为任意实数。

3. 当 $a\neq\pm 1$ 时，方程组有唯一解；当 $a=1$ 时，方程组有无穷多解；当 $a=-1$ 时，方程组无解；

而当 $a=1$ 时，方程组的全部解为 $\boldsymbol{X}=(1,0,-1)^{\mathrm{T}}+k(-1,1,0)^{\mathrm{T}}$，$k$ 为任意常数。

4. 提示：利用方程组 $\boldsymbol{AX}=\boldsymbol{0}$ 与 $\boldsymbol{A}^{\mathrm{T}}\boldsymbol{AX}=\boldsymbol{0}$ 的等价性和齐次线性方程组解空间的理论来证明。

第五章

习　题

1. （1）$\lambda=-1$，$\lambda_2=\lambda_3=1$，$k_1\begin{pmatrix}-1\\0\\1\end{pmatrix}$，$k_2\begin{pmatrix}1\\0\\1\end{pmatrix}+k_3\begin{pmatrix}0\\1\\0\end{pmatrix}$，$k_1\neq 0$，$k_2$，$k_3$ 不全为 0。

（2）$\lambda_1=1$，$\lambda_2=\lambda_3=2$，$k_1\begin{pmatrix}0\\1\\1\end{pmatrix}$，$k_2\begin{pmatrix}1\\1\\0\end{pmatrix}$，$k_1\neq 0$，$k_2\neq 0$。

2. 1，3，-1。

6. $\boldsymbol{B}$ 的特征值为 -4，-6，-12，$|\boldsymbol{B}|=-288$；$|\boldsymbol{A}-5\boldsymbol{E}|=-72$。

8. $x=1$，$y=3$。

9. （1）能，$\boldsymbol{P}=\begin{pmatrix}-1&1&0\\0&0&1\\1&1&0\end{pmatrix}$，$\boldsymbol{P}^{-1}\boldsymbol{AP}=\boldsymbol{\Lambda}=\begin{pmatrix}-1&&\\&1&\\&&1\end{pmatrix}$；　（2）不能。

10. $\frac{1}{3}\begin{pmatrix}-1 & 0 & 2\\ 0 & 1 & 2\\ 2 & 2 & 0\end{pmatrix}$。 **11.** $\frac{1}{3}\begin{pmatrix}2+4^{100} & -1+4^{100}\\ -2+2\times4^{100} & 1+2\times4^{100}\end{pmatrix}$。

12. (1) $\boldsymbol{Q}=\begin{pmatrix}\frac{1}{3} & \frac{2}{3} & \frac{2}{3}\\ \frac{2}{3} & \frac{1}{3} & -\frac{2}{3}\\ \frac{2}{3} & -\frac{2}{3} & \frac{1}{3}\end{pmatrix}$，$\boldsymbol{Q}^{-1}\boldsymbol{A}\boldsymbol{Q}=\begin{pmatrix}-2 & & \\ & 1 & \\ & & 4\end{pmatrix}$；

(2) $\boldsymbol{Q}=\begin{pmatrix}\frac{1}{\sqrt{2}} & \frac{1}{\sqrt{6}} & \frac{1}{\sqrt{3}}\\ -\frac{1}{\sqrt{2}} & \frac{1}{\sqrt{6}} & \frac{1}{\sqrt{3}}\\ 0 & -\frac{2}{\sqrt{6}} & \frac{1}{\sqrt{3}}\end{pmatrix}$，$\boldsymbol{Q}^{-1}\boldsymbol{A}\boldsymbol{Q}=\begin{pmatrix}0 & & \\ & 0 & \\ & & 3\end{pmatrix}$。

13. $a=b=0$，$\boldsymbol{Q}=\begin{pmatrix}\frac{1}{\sqrt{2}} & 0 & \frac{1}{\sqrt{2}}\\ 0 & 1 & 0\\ -\frac{1}{\sqrt{2}} & 0 & \frac{1}{\sqrt{2}}\end{pmatrix}$。 **14.** $\boldsymbol{A}=\begin{pmatrix}3 & 1 & 1\\ 1 & 0 & 2\\ 1 & 2 & 0\end{pmatrix}$。

自测题

1. (1) $-4,6$； (2) $a=4$； (3) (C)； (4) (C)。

2. 矩阵 $\boldsymbol{A}$ 的特征值为 $\lambda_{1,2}=2$，$\lambda_3=6$，并且下列矩阵

$$\boldsymbol{A}-2\boldsymbol{E}=\begin{pmatrix}-1 & -1 & 1\\ 2 & 2 & -2\\ -3 & -3 & 3\end{pmatrix}$$

其秩为 1。所以二重特征值 $\lambda_{1,2}=3$ 有 2 个线性无关的特征向量，矩阵 $\boldsymbol{A}$ 可对角化，且相似变换矩阵 $\boldsymbol{P}=\begin{pmatrix}-1 & 1 & 1\\ 1 & 0 & -2\\ 0 & 1 & 3\end{pmatrix}$。

3. 因为 $\boldsymbol{A}$ 相似于 $\boldsymbol{B}$，$\boldsymbol{A}$ 与 B 的特征多项式相同，再利用待定系数法，即可得到 $a=5$，$b=-2,c=2$，$\boldsymbol{A}$ 的特征值为 $\lambda_1=1$，$\lambda_2=2$，$\lambda_3=-1$，且可逆阵

$$\boldsymbol{P}=\begin{pmatrix}-1 & 0 & -1\\ -1 & 1 & 0\\ 1 & 1 & 3\end{pmatrix}$$

注意：如果将矩阵 $\boldsymbol{B}=\begin{pmatrix}1 & 0 & 0\\ 0 & 2 & 0\\ 0 & 0 & -1\end{pmatrix}$ 改为 $\boldsymbol{B}=\begin{pmatrix}1 & 0 & 2\\ 0 & 2 & 0\\ 0 & 4 & -1\end{pmatrix}$，那又怎样解题？

第六章

习　题

1. （1）$(x,y,z)\begin{pmatrix}1&1&2\\1&2&3\\2&3&3\end{pmatrix}\begin{pmatrix}x\\y\\z\end{pmatrix}$；　（2）$(x_1,x_2,x_3,x_4)\begin{pmatrix}1&\frac{1}{2}&-1&0\\\frac{1}{2}&3&\frac{3}{2}&0\\-1&\frac{3}{2}&-1&0\\0&0&0&0\end{pmatrix}\begin{pmatrix}x_1\\x_2\\x_3\\x_4\end{pmatrix}$。

3. （1）$f=y_1^2+4y_2^2$；　（2）$f=5y_1^2+5y_2^2-4y_3^2$。

4. （1）作可逆线性变换$\begin{pmatrix}x_1\\x_2\\x_3\end{pmatrix}=\begin{pmatrix}1&-1&2\\0&1&-2\\0&0&1\end{pmatrix}\begin{pmatrix}y_1\\y_2\\y_3\end{pmatrix}$，则 $f=y_1^2+y_2^2$；

（2）作可逆线性变换$\begin{pmatrix}x_1\\x_2\\x_3\end{pmatrix}=\begin{pmatrix}1&1&3\\1&-1&-1\\0&0&1\end{pmatrix}\begin{pmatrix}y_1\\y_2\\y_3\end{pmatrix}$，则 $f=2y_1^2-2y_2^2+6y_3^2$。

5. 秩为 3，符号差为 1。　**6.** （1）正定；（2）不正定，负定。

自测题

1. （1）$\boldsymbol{A}=\begin{pmatrix}3&-2\\-2&1\end{pmatrix}$；　（2）$\lambda>2$；　（3）（B）；　（4）（A）。

2. $c=3$。

3. (1)$\boldsymbol{A}=\begin{pmatrix}4&0&0\\0&3&1\\0&1&3\end{pmatrix}$；（2）正交变换矩阵 $\boldsymbol{Q}=\begin{pmatrix}0&0&1\\-\frac{1}{\sqrt{2}}&\frac{1}{\sqrt{2}}&0\\\frac{1}{\sqrt{2}}&\frac{1}{\sqrt{2}}&0\end{pmatrix}$，且 $f=2y_1^2+4y_2^2+4y_3^2$；(3)f 正定。

4. $a=3$，$b=1$；$\boldsymbol{Q}=\begin{pmatrix}\frac{1}{\sqrt{2}}&\frac{1}{\sqrt{3}}&\frac{1}{\sqrt{6}}\\0&-\frac{1}{\sqrt{3}}&\frac{2}{\sqrt{6}}\\-\frac{1}{\sqrt{2}}&\frac{1}{\sqrt{3}}&\frac{1}{\sqrt{6}}\end{pmatrix}$。

第七章

习　题

1. （1）、（4）是线性子空间 。

2. 3 维，一组基为 $\boldsymbol{\alpha}_1=\begin{pmatrix}1 & 0\\0 & 0\end{pmatrix}$，$\boldsymbol{\alpha}_2=\begin{pmatrix}0 & 0\\0 & 1\end{pmatrix}$，$\boldsymbol{\alpha}_3=\begin{pmatrix}0 & 1\\1 & 0\end{pmatrix}$；坐标为 $(3,1,-2)'$。

3. 解空间是 3 维的，一组基

$$\boldsymbol{\alpha}_1=(0,1,1,0,0)',\ \boldsymbol{\alpha}_2=(-1,1,0,1,0)',\ \boldsymbol{\alpha}_3=(4,-5,0,0,1)$$

4. $(2,\ 5,\ -1)'$。　　**5.** $\boldsymbol{P}=\begin{pmatrix}1 & 2 & 1 & 0\\1 & 1 & 1 & 1\\0 & 3 & 0 & -1\\1 & 1 & 0 & -1\end{pmatrix}$，$(1,0.5,-1,-0.5)'$。

6. （1）$\boldsymbol{P}=\begin{pmatrix}1 & 1 & 0\\-1 & 0 & 1\\1 & -1 & 0\end{pmatrix}$；（2）$\begin{pmatrix}x_1\\x_2\\x_3\end{pmatrix}=\begin{pmatrix}1 & 1 & 0\\-1 & 0 & 1\\1 & -1 & 0\end{pmatrix}\begin{pmatrix}y_1\\y_2\\y_3\end{pmatrix}$；（3）$(2,1,1)'$。

自测题

1. （1）33，−82，154；　（2）$\boldsymbol{P}=\begin{pmatrix}0 & -1\\1 & 2\end{pmatrix}$；　（3）2。

2. （1）不是；　（2）是，基为 $\boldsymbol{\alpha}_1=\begin{pmatrix}1 & 0 & 0\\0 & 0 & -1\end{pmatrix}$，$\boldsymbol{\alpha}_2=\begin{pmatrix}0 & 1 & 0\\0 & 0 & -1\end{pmatrix}$。

3. 坐标为$(3,-1,3)$。

4. （2）当 $\boldsymbol{A}=\mathrm{diag}(1,2,3,\cdots,n)$时，与 $\boldsymbol{A}$ 可交换的矩阵就是所有 n 阶对角矩阵；构成 $\boldsymbol{R}^{n\times n}$ 的一个子空间 $\boldsymbol{C}(\boldsymbol{A})$，其维数为 n，一组基为 $\boldsymbol{\alpha}_i=\begin{pmatrix}\ddots & & \\ & 1 & \\ & & \ddots\end{pmatrix}$ $(i=1,2,\cdots,n)$。